フィールド科学の入口

自然景観の成り立ちを探る

小泉武栄・赤坂憲雄 編

玉川大学出版部

自然景観の成り立ちを探る

目次

I部●対談

「ジオエコロジー」の目で見る

小泉武栄×赤坂憲雄

「ジオエコロジー」の目で見る

赤坂　小泉さんのご専攻は自然地理学ですが、ぼくには未知の世界で、本を何冊か読ませていただき、フィールドへの向きあいかたやフィールドの歩きかたがまったくちがうので、とても興味ぶかく、きょうは楽しみにしておりました。小泉さんのフィールドワークの軌跡をおうかがいしながら進行させていただきますので、よろしくおねがいします。

小泉　こちらこそ、よろしくおねがいします。

今回のテーマは、「自然景観の成り立ちを探る」ということです。自然景観というのは、たとえば山ですと、お花畑があったり、残雪があったり、森におおわれた斜面があったり、崖があったり、川が流れていたり、滝や渓谷があったりと多彩ですが、そういうものをすべてふくんだものをさしています。したがって、自然景観の成り立ちを探るということは、そこがなぜ草原になっているのかとか、そこになぜ滝や渓谷があるのかなどを考え、さらに山全体がどのような特色をもっているのかをあきらかにするということになると思います。こういう分野を、「地生態学」と呼んでいます。英語でいうと、「ジオエコロジー（geoecology）」です。

地生態学というのは、やさしくいえば、自然景観や植生の分布を、地形・地質の成り立ちや自然史から説明する複合的な分野です。英語で地質学をジオロジー、地理学をジオグラフィーといいますが、ジオとは大地のことを意味しています。エコロジーは生態学のことです。ジオとエコロジーを結びつけるので「ジオエコロジー」というわけです。

地生態学は、その翻訳です。自然のつながりをとき明かす分野ですから、フンボルトやダーウィンの博物学が復活したようなものだと考えればいいと思います。

地生態学のもうひとつの特色として、「自然の謎を説明する」ということがあります。自然観察会に参加すると、植物や鳥、昆虫などの名前を教えてくれます。でも、大半はそれだけで終わってしまう。なぜ植物がそこに生えているかということは、説明してくれません。ですが、地生態学ではそれを説明しようとするんです。

赤坂　そうですか、地生態学ですか。東日本大震災のあとでは、あらためてジオとエコロジーが脚光をあびそうな予感がありますね。

小泉　そうですね。これについては、またあとでふれたいと思います。

ここで、わたしの経歴をかんたんに説明します。長野県北部の下高井《しもたかい》郡瑞穂村《みずほむら》（現在は飯山《いいやま》市になっている）の生まれで、高校卒業までそこに住んでいました。飯山は盆地になっていて、そこを見下ろす扇状地に、家がありました。妙高山とか斑尾《まだらお》、黒姫などの山が正面にあり、毎日見て育ちました。田舎ですから、小学生のころは釣りばかりやっていました。中学生のころは、チョウを追いかけて山野を走る昆虫少年でした。

飯山北高校の一年生のときに、生物部で苗場山《なえばさん》に登りました。このとき、山の美しさに目覚めました。山の上に広くて平らな土地があり、高層湿原や池塘《ちとう》がひろがっている。たいへん驚きました。有名な秋山郷から登ったんですが、当時、バスはそこまで行ってない。途中までバスで行って、あとはトラックに迎えにきてもらって、荷台に乗って……という時代でした。大学は東京学芸大学へ入り、山のことを調べてみようと、自然地理を選んだんです。学部の三、四年生のころは、南アルプスの仙丈《せんじょう》ケ岳《がたけ》とか北岳、

フンボルトやダーウィンの博物学
一八世紀から一九世紀にかけては博物学の時代で、フンボルトなどが地球を探検して動植物や地質、景観などを記述し、分類した。自然史、自然誌と訳されることもある。

高層湿原
低温・多湿の場所に発達した湿原のうち、泥炭が厚く堆積したもの。

池塘
高層湿原に点在する池や沼のこと。

東北の八甲田山《はっこうださん》、岩手山、秋田駒ケ岳、鳥海山《ちょうかいさん》、月山《がっさん》といった山に、ひとりで登っていました。自然地理をやる研究者には、山が好きな人がたくさんいるんです。

赤坂　そうですか、興味ぶかいですね。山が好きな民俗学者って、あまり聞かない気がします。歴史家にはいますね。

小泉　山が好きな高校生は、どこにすすもうかと考えて、地質学にすすんだり、林学にすすんだり、生態学にすすんだりします。わたしみたいに自然地理学を選ぶ人もいます。自然地理には、地形学や気候学のほかに、水文学《すいもん》や雪氷学《せっぴょう》もふくまれるんです。ですから、氷河の研究者には地理出身の人がすくなくありません。

卒論は、先生にいただいたテーマ、新潟平野東縁の断層地形になりました。そのあと東京教育大学理学部地理の大学院にすすみ、このへんから山らしい話が出てきます。

修士一年のとき、山の研究者である五百澤智也《いおざわともや》さんに、「北アルプスの朝日岳、雪倉岳、白馬岳《しろうまだけ》に行くから、いっしょにこないか」と誘われて、つれていってもらいました。それまでは自己流で山に登っていたんですが、そのときに自然の見方を教わり、山の自然の美しさ、多様性に、あらためて感銘をうけました。そして、「これをテーマにしてみよう」と思ったんです。これ以降は、みな自分でテーマを考えることになりました。

わたしには、自然の不思議に妙に気がつくところがあるんです。たぶん、原始人の感覚ではないかと思っています。山へ登り、いろいろなものを見たときに、「ああ、ここはこういうふうにしてできているんだな」とか、「あ、自然がここで変化した」「ここは何かヘンだぞ」とかいうことが見えてくる。これは、〝原始人的な勘〟だと思います。

赤坂　原始人の感覚ですか、いいですね。信州の山が舞台になっているんですね。ぼくも

五百澤智也
一九三三―。山形県出身の地理学者。山岳・氷河地形研究者であり、山岳鳥瞰図作家としても知られる。

大学生のころはよく周遊券を使って出かけましたので、すこしだけ知っています。当時は、一万円あればユースホステルを使いながら一週間ぐらい歩けた。友人につれられて山もいくつか……。その後、おもしろい祭りがたくさんあるので、信州の山村はそれなりに歩いています。

そのころを思い出してみると、長野県はすごく自然が多様で豊かですね、北と南とではまったくちがいますし、民俗学的にもたいへん興味ぶかい地域です。小泉さんにとっても、信州の山々という背景は大きなものだったのでしょうか？

小泉　そう思いますね。わたしも学生のころ、よく長野県内をまわりました。県の北のはずれで生まれ、南のほうは知らないものですから。長野県は広いので、北と南ではずいぶんちがいます。八ヶ岳の山麓なんかを歩いていて、「おお、こんなに広い山麓があったのか」と、びっくりしました。友人に案内されて、伊那谷《いなだに》の河岸段丘や中央構造線に沿う谷を見たこともあります。どこもおもしろかったですね。

そういえば、わたしは学生時代に長野県の学生寮にいたんですが、盆地ごとに方言がひどくちがっているんです。お国自慢もあって、伊那谷出身の学生は、幅の狭い木曽谷からきた学生に、「おまえのところは、対岸にものほし竿が届くだろう」などといって、からかっていました。

信州と似ているせいか東北も好きで、よく行きました。東北への周遊券は安くて助かりました。いまの電車賃と比べたら、かなり安い。

赤坂　ほんとに安かったですね。

小泉　それこそ、ユースホステルとか、場合によっては大学の寮とかも、「泊めてくれ」

河岸段丘　川の両側に階段状にできた平坦地。

中央構造線　西日本の中央を東西にのびる断層線。

っていえば泊めてくれた。だから、一週間から一〇日ぐらいは平気で、山登りのついでに、各地をぐるぐるまわっていました。

赤坂　北が多いですが、理由はありますか？

小泉　やはり、高い山は北に限られますからね。わたしも山の本で、「北のほうのことばっかり書いてる」って読者からしかられることがよくあるんですが、近畿より西には二〇〇〇メートルを超える山がありませんので、どうしても北志向になってしまいます。高い山は日本アルプスから東北、北海道にあり、高山植物を見るとなると、どうしてもそっちに行かざるをえない。

赤坂　脱線しますが、映画の『もののけ姫』を観ていらっしゃいますか？

小泉　はい、観ています。

赤坂　あれ、はじまりは東北のブナ林帯の山のなかのムラで、後半が西の照葉樹林帯のなかのタタラ場ですけれども。あの描かれかたをどういうふうに感じられますか？

小泉　冒頭に至仏山《しぶつさん》から尾瀬ケ原を見下ろす風景が出てきて、「おっ」と驚きました。細部をよくとらえていて、後半の流れを予告するような印象ですね。観ていて、「ああ、あそこだ！」と思うことが、かなりありました。ただ、後半の照葉樹林は、わたしは気がつきませんでした（笑）。

赤坂　ジブリの製作グループは、南の島、屋久島あたりを見てイメージをつくったらしいですね。

小泉　そうですか。わたしは残念ながらそこまでは気づきませんでした。今度注意してみたいと思います。

至仏山
群馬県北東部に位置する標高二二二八メートルの山。日本百名山のひとつで、オゼソウ、ホソバヒナウスユキソウ、タカネバラなどの高山植物が有名。尾瀬一帯を眼下に見下ろすことができる。

赤坂　ひとつの映画でも、たぶん観察する側のまなざしによって、ずいぶん見えかたが変わるんだろうなと思いますね。

小泉　たしかにそう思います。

赤坂　ぼくは、山を見ていても、どうしてもそこにある文化に眼を凝らしていますね。どうしても、人間くさい自然ばかりを探してしまいます。

小泉　なるほど、そうですか。

赤坂　人間がどのように手を加えたとか、あのへんは里山で、奥のほうのブナ林は原生林に近いなとか、ぜんぜんちがう見方をしている気がします。

小泉　同じものを見ても、やっぱりずいぶん見方がちがうんですね。たたら製鉄は、島根県まで行って現地を見たことがあるので、大がかりなことは理解していたのですが。わたし自身は自然そのものが好きなものですから、どうしても自然そのものに目がいってしまいます。

赤坂　なるほど。ぼくは小泉さんの本を読ませていただいて、ものすごく感銘をうける。それは「問い」がいっぱいなところです。

小泉　そうですね。それが特色かもしれません。

赤坂　「なぜ、それはそこにあるのか」からはじまって、生まれてきた問いを、一生懸命に解き明かそうとして歩かれている。それが、すごくうらやましいフィールドワークなんです。つまり、フィールドワークも、研究も、先生からあたえられたテーマから次々に逸脱していく。すでにある道をたどるフィールドワークにたいして、そこで出会った問いから、思いがけない方位に向けて、道のないところに踏みこんでいくような、その

たたら製鉄
砂鉄と木炭を原料とし、たたら（ふいご）で空気を送りこんでおこなう和式製鉄法。古代から中国地方などでおこなわれた。

楽しさというか、ダイナミズムがありますね。
小泉　なるほど、そういうふうにご覧になりましたか。道のないところに踏みこんでいく楽しさというのは、ほんとうにおっしゃるとおりですね。わたしは好奇心が旺盛なせいか、どうしてもそういう歩きかたになってしまいます。
これは半分冗談ですが、実際に、海岸などを歩いていて道のないところに踏みこむこともよくあるんです。すると、いっしょに行った学生が、「先生、そこは道じゃないですよ」（笑）。道しか歩いてはいけないと思っているんですね。わたしは、「歩いた跡が道になるんだよ」というんですが。
赤坂　ああ、ここではっきりわかりました。やはり原始人だった（笑）。
小泉　たしかに原始人です（笑）。でも、いまおっしゃったような歩きかたは、わたしにとってはあたりまえですが、別の人から見るとヘンに思うかもしれません。
赤坂　そう思いますよ。つまり、ほかの自然地理学の人たちが、こんなに問いを抱えて、次から次に浮かんでくる問いにせき立てられるように歩いているか……そういう歩きかたをしているとは思えないんです。
小泉　そういわれると、そうかもしれませんね。みんな同じところを歩いていても、それほど不思議さは感じていないのかもしれません。
赤坂　そういう気がしましたね。
小泉　わたしは、社会人といっしょによく野外観察に出かけます。その際、現場のあちこちで、参加したかたに「何か気がついたことはありませんか？」と聞きます。答えがあればそれを話題にしますが、ない場合は、「ここにどうしてこの植物が生えていると思いますか?」とか、「あの岩はどうしてあんな形になったんでしょう?」などと聞いてみます。そうすると、みんな一生懸命考えて、「わたしはこう思う」とか「いや、そうじゃない」とか、わあわあやりはじめる。それがすごくおもしろいんです。最初は正しい答えでなくてもいいんです。だけどそうやって考えると、最初とちがって、ものごとがだんだん見えてくるんです。一種の開眼のようなものでしょうね。問いかけられると、いままでよく見ていなかったものに目がいき、よく見るようになる。だから、問いかけはとてもたいせつだと思います。あとでジオパークについてふれるつもりですが、ジオパークの話も「なぜ」からはじまるので、今後の展開に期待しています。

赤坂　福島で磐梯山のジオパークにすこしだけ関わっているので、最後はそこに行きつきたいと思っていました。

小泉　そうですか。わかりました。

赤坂　ほんとうに「問い」はたいせつですね。不思議に思わなければ、はじまらない。

小泉　おっしゃるとおりです。なんでもそうですよ。

赤坂　先生には逆らおうということですね。

小泉　まあ、そういうわけじゃないですけど……。

高山帯の自然景観の多彩さは、なぜ生まれたのか

小泉　それでは、最初のテーマ「高山帯の景色はなぜこんなに美しいのか」ということから考えてみましょう。写真1では、大きな岩が右手にあって、それをかこんで残雪があ

ジオパーク（geopark）　地球科学的にみて重要な地形や地質をふくむ、自然に親しみ、地球史（自然史）を理解するための制度。ユネスコが推進している。さまざまな自然・文化遺産を有機的に結びつけて、保全や教育、ツーリズムに利用しながら、地域の持続的な経済発展をめざす。

り、その先に草原がひろがる。これは、日本の高山の典型的な風景です。でも、だれもこれを不思議だと思わないんです。ほんとうは謎がいっぱいあるのですが、あたりまえのものだと思ってしまう。

なんでもそうなのですが、たとえば「東京にカタクリがある不思議」という話も、わたしはときどき本に書いたりしています。現地に行くと、実際にそこにカタクリが生えているものですから、そのことをだれも不思議に思わない。しかし、カタクリはもともと雪国や北国の植物ですから、東京にあるのはとても不思議なことなのです。そこで氷河時代にさかのぼるストーリーを考えるのですが、そういうふうにストーリーをつくったほうが、よほど理解がすすみます。

写真2は**飯豊山**《いいでさん》の景色ですが、この景色を見るとだれもが、「ああ、山はいいなあ」とか、美しいなあとか考えます。だけど、山の美しさにもいろいろあります。世界的にみると、スイスアルプスの美しさは定評があるし、カナディアンロッキーも美しい。カナディアンロッキーは、氷河のつくった岩壁と湖と森林がつくる、非常に大きな風景ですね。スイスアルプスは、マッターホルンのような岩壁と草原が代表だと思うんですが、日本の山はこれらとはちがう感じがします。こぢんまりしているけど、じつに多彩なんです。高山帯に山の美しさが凝縮しているんじゃないかと、このとき考えたわけです。

山の美しさは、森林限界を越えたときに出てきます。景色が急に多彩に

写真1　白馬岳高山帯の自然景観（左の山は、杓子岳《しゃくしだけ》）

写真2　飯豊山の植生景観（亜高山針葉樹林を欠き、草原がひろがる）

なってきます。そこに、ハイマツとか風衝草原《ふうしょうそうげん》とか風衝矮低木《ふうしょうわいていぼく》群落とか雪田《せつでん》植物群落とか、いろいろな植物群落が出てきます。高茎広葉《こうけいこうよう》草原とか高山荒原《こうざんこうげん》というものもあります。それから残雪。さらに、岩壁、岩峰や、岩のゴロゴロした岩塊斜面もある。あと、砂礫《されき》地や構造土《こうぞうど》と続いて、地形にもいろいろなものがあります。

赤坂　なるほど、高山帯に山の美しさが凝縮しているんですか。

小泉　写真3は、構造土の例です。表土が凍ったり解けたりをくり返すうちに、砂礫がふるいわけられて、こんな不思議な模様をつくりだす。中央は土饅頭みたいな形をしています。わかりづらいですが、いちばん下は階段になっています。段々が何十段も続いて、

写真3　構造土の例（上から、円形土、アースハンモック、階段状構造土）

飯豊山
飯豊本山とも呼ばれる標高二一〇五メートルの山。磐梯朝日国立公園内に位置し、可憐に咲く高山植物が有名。日本百名山のひとつに数えられている。

植物群落
草原や森林のような植物のまとまりを、構成する植物の種類や見かけの共通性などにもとづいてわけたもの。

構造土
表面に円形・多角形・網状・階段状・縞模様などの幾何学模様が現れている土壌のこと。おもに、夏季に地下の凍土の表面の氷が融解し、地表の土壌を運搬することで形成される。

ときどき、「人がつくったのか?」とまちがえるくらいです。

とにかくこまかくて多彩な要素が混在しているので、これが美しさのもとではないかと考えたんです。かんたんにいうと、「箱庭的風景」です。日本の風景全体が、「いまは山中、いまは浜」という鉄道唱歌のようにこぢんまりしていますが、高山はそれがさらに凝縮した形になっているんだと考えました。そこで、これを対象にして研究をはじめたんですが、最初は理解されませんでした。「何をやろうとしてるんだ、おまえさんは?」という反応でした。

まわりの人は、「構造土のことに対象をしぼったら」とか、「いや、風が吹いたら稜線の反対側に雪が降り積もるから、そこだけに特化してやったら」とか、いろんなアドバイスをする。わたしは「そんなことをやりたいんじゃない。全部をまとめて見たいんですよ」といったのですが。

赤坂　なるほどねえ。

小泉　問題は、どう答えを出すかです。自然景観の多彩さはなぜ生まれたのか。といっても、何を調べたらいいのかわかりませんので、いろいろ考えました。

大きな枠組みは、氷河時代にできた地形――たとえばカール――がつくっています。しかし、その他はどうするか。お手本はない。お手本がないから、自分で現地に行って考えるしかありません。

考えているうちに、季節変化がだいじなんじゃないかと気がつきました。一年は、冬の寒い時期から夏の暑い時期まで変化し、秋を経て冬にもどります。表土は、冬に低温のために凍りつきます。植物はもちろん生育できません。夏の暑さで植物は生長しますが、

カール
氷河の浸食によって山地上部に生じた、半円形のくぼみ。圏谷《けんこく》と訳されている。

春と秋には地温が0℃をはさんで上下しますから、表土は凍ったり解けたりをくり返します。構造土は、この作用でできます。このように、季節変化は、植物の生長を可能にしたり、不可能にしたり、あるいは構造土の形成を可能にしたりするわけだから、それぞれのあいだに競合が生じるだろうと考えました。その競合を見ていけば、なんとか解き明かせると考えたわけです。

そこで、同じ場所を一年を通じて観察してみようと思い、フィールドとして木曽駒ヶ岳《きそこまがたけ》を選びました。ちょうどロープウェイができたばかりで、冬もロープウェイが使えました。ふだんはとまっているのですが、スキー客や登山客が行った場合には動かしてくれる。そこで、秋の一〇月ぐらいから毎月登って様子を見ることにしました。ですから、冬山の調査もおこなっています。テントを張っていると、雪が積もってくる。夜、寝ていて「冷たいな」と思ったら、テントがたれ下がってきて、おでこにくっついていたんです（笑）。あわてて夜中に外に出て、雪を掻いたりしました。強風地に張るとテントが飛ばされてしまいますから、風の弱いところに張るんですが、そうすると今度は、雪に埋まってしまうんです。

赤坂　そうですか。それはたいへんですね（笑）。

小泉　高山帯の環境はきびしいことがわかりましたが、先ほど話した季節変化の作用は、積雪があるとはたらきません。雪があると、内部はほぼ0℃に保たれます。そのため、雪は植物や地面を保護してくれるわけです。

次に、個々の場所で、冬にどれだけ雪が積もるのか、また雪解けはいつ起こるのかということが問題になってきます。そこで、冬の積雪の深さを調べました。これは、意外に

木曽駒ヶ岳
長野県にある標高二九五六メートルの山で、木曽山脈（中央アルプス）の最高峰。省略して「木曽駒」とも呼ばれる。日本百名山、新日本百名山、花の百名山に選定されている。

調べられていません。本来は雪氷学の領域で、植物の研究者は夏しか見ませんから。調べてみたら、木曽駒ケ岳では、一月はまだ雪はすくないのですが、三月に南岸低気圧が通過する際、どっと積もることがわかりました。写真4は、木曽駒ではなく白馬岳の北にある鉢ヶ岳《はちがたけ》付近の稜線を写したものです。風が強い西向きの斜面（写真の左側）では、冬、風が雪を吹きとばして、わずかしか雪がつきません。地面は硬い青氷になっていて、そこから吹きとばされた雪は、反対側に積もっていきます。そこが急傾斜だと、雪崩になってどんどん落ちていきます。

春先からは、場所ごとの雪解けの時期も調査しました。強風地から雪が消えはじめ、じょじょに地面が出てきますが、ハイマツのあるところは六月ごろ、高茎広葉草原のあるところは七月になってやっと雪が消えます。このように、雪の消えるパターンごとに植物がどういう条件で生活しているかを調べたわけです。

雪から顔を出したとたんに、植物などいろいろなものが、気温の影響をうけることになります（図1）。高山帯で優勢な植物はハイマツですが、ハイマツのあるところは、冬場には雪がある程度たまりますので、風の被害をうけません。六月ごろ、雪が解けると、ハイマツはすぐに生育できますから、光合成を十分おこなってハイマツの群落ができます。ハイマツの高さは、冬の雪の深さとほぼ一致しています。

強風地は、冬場、猛烈な風で雪がほとんどつきません。したがって、雪がはやく消えて生育期間は長くなります。しかし、冬の環境がきびしすぎて植物は丈が高くなれませ

写真4　北アルプス鉢ヶ岳付近の非対称山稜

んから、生育期間の長さは、実際は効果を発揮できません。その結果、イワウメ、ミネズオウなどの矮低木や、ヒゲハリスゲ、トウヤクリンドウなどが現れます。構造土も、強風地に分布します。ここでは地表面で凍結融解が起こりますから、表土が攪乱され、階段になったり縞模様（条線土）ができたりします。

残雪のあるところは七月まで雪がのこり、植物の生育期間は非常に短くなります。ただ、夏の気温が高くなって、いちばんいい時期に顔を出しますから生育はよく、丈が一メートル近くになったりします。コバイケイソウ、トリカブト類、ハクサンボウフウなどが代表です。

雪解けがもっと遅れると、植物が生育できなくなって、コケしかない土地になったり、裸地《らち》になったりしてしまいます。

こうしてみると、冬の強風と雪解けの時期が重要だということがよくわかります。

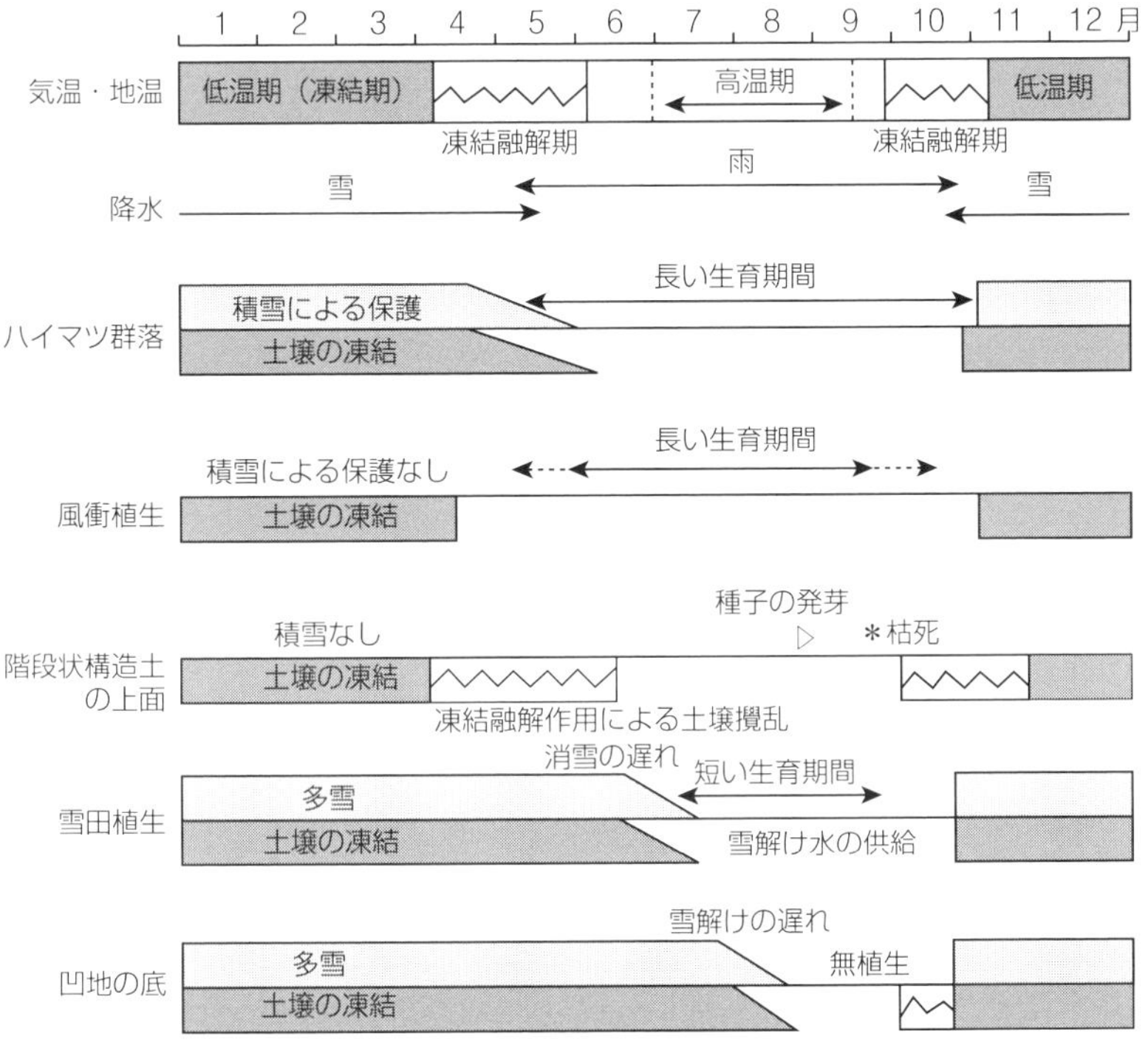

図1　場所ごとの環境条件の季節変化

そこで、全体の姿を「山頂現象」（図2）という形でまとめました。この図はわたしが考えたものですが、強風側の斜面と残雪のたまる斜面の両方がわかるように描いてあります。これまで植物群落の生育環境は、ひとつひとつについてはわかっていましたが、「全体としてこういうかたちになっている」ということをはっきりさせたのは、はじめてだったわけです。いわれてみれば、みんな「あたりまえじゃないか」となるけれども、こういう全体像を考える人がいままでいなかったのも、たしかです。

赤坂　あたりまえのこと……ですか。そのように見えるということをはじめてあきらかにすることが、画期をなすわけですけどね。

小泉　あらためて温度条件から考えますと、高山帯は基本的にハイマツの生育可能な場所なんです。ところが、雪が多すぎたり風が吹きさらしたりすると、ハイマツは生育できなくなって、そこに高山植物の群落が分布するということです。いってみれば、ハイマツは布地みたいなもので、破れたところに高山植物が入ってくるということですね。

赤坂　木曽駒ケ岳の調査から、それを確認したわけですね。

小泉　そういうことです。

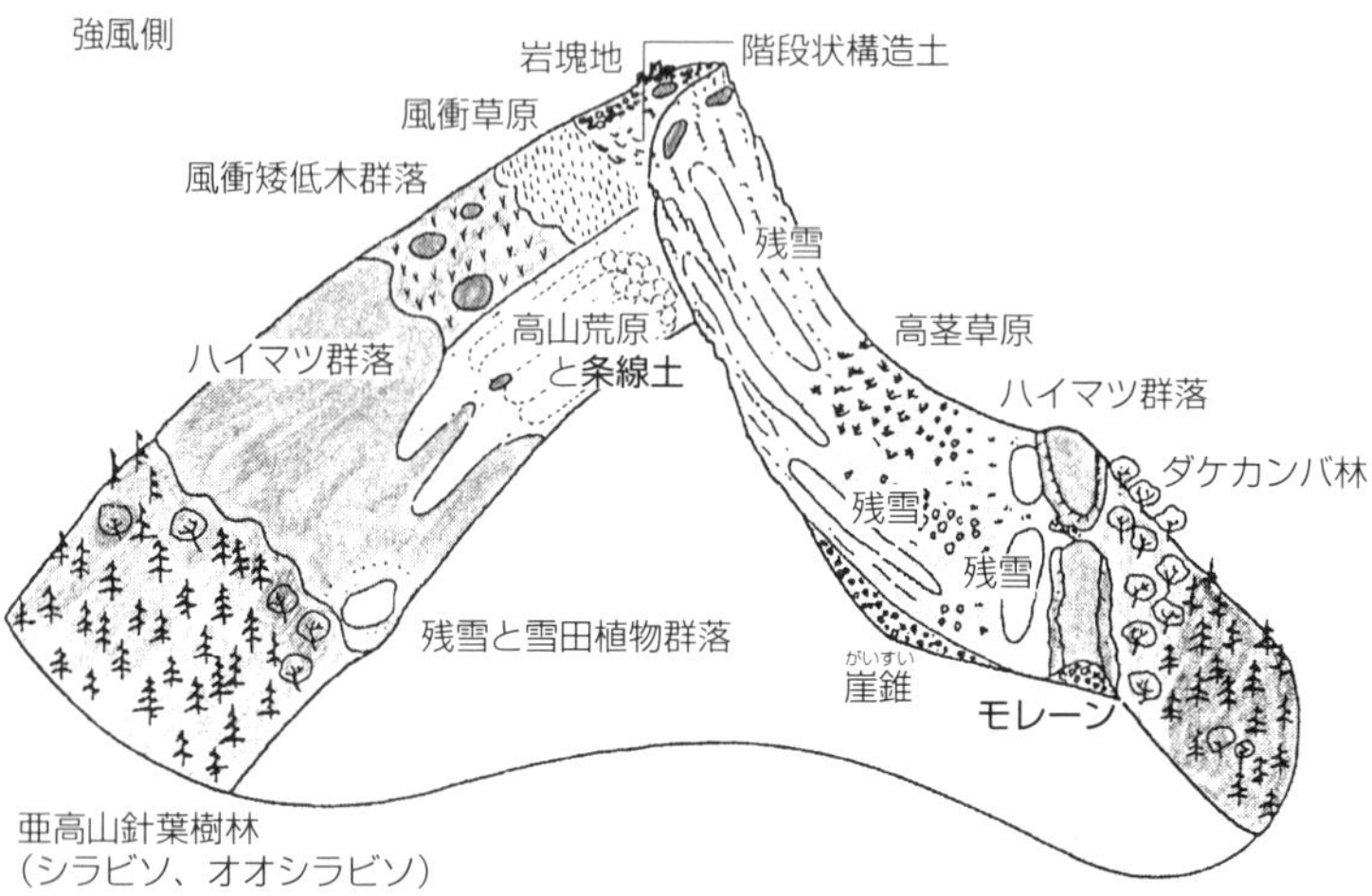

図2　山頂現象

赤坂　木曽駒ケ岳っていうのは、どういう山なんですか？
小泉　中央アルプスの主峰ですね。
赤坂　研究的にいうと、結果としてどのようなフィールドだったわけですか？
小泉　結果としては、現象が典型的に現れており、非常によかったですね。地質が単純なところで、大きな枠組みを把握するには適した場所でした。研究者がフィールドを選ぶのは、運です。最初にいい場所を選ぶのと、そうじゃない場合では、ものすごくちがう。
赤坂　そこが聞きたかった。
小泉　あとで話しますが、白馬岳のように地質が複雑だと、さっき述べた山頂現象は把握しにくかったと思います。ある意味では、単純さがカギだったかもしれません。
赤坂　同じ場所で一年を通じて観察する場合に、適していたわけですね。
小泉　はい、そうです。
赤坂　ぼくらも同じで、小さな集落を一年通じて聞き書きに訪れる。でも、はずれることもありますね。
小泉　そうでしょうね。
赤坂　悲しいことに。たとえば、いい語り部がいたのに、三年前に亡くなっていたとかね。まあ、そういうことで変わってしまうけれども、とにかく木曽駒ケ岳はいいフィールドだったんですね。
小泉　はい。わたしの場合も、山で調査するけど論文にならないことが、けっこうあります。かなり調査して、「もうちょっと、ここがあきらかにできればなあ」と思っても、そのデータがとれない。どうやってもダメだっていうことがある。

モレーン（堆石）
氷河が谷を削りながら時間をかけて流れるとき、削りとられた岩石、岩屑、土砂などが土手のように堆積した地形。地形学上の定義では、土手状の地形をさす。

条線土
砂礫地にできる構造土の一種。礫と砂がふるいわけられて、縦方向の縞模様をつくる。

赤坂　そうですか。

小泉　三年か四年、何度も行ってデータをとったけれども、結局はダメだったということもあります。

赤坂　やはり、そういうこともあるんですね。

小泉　ほかに、もたもたしていて、論文にまとめないうちに次の新しい考えかたが出てきて、それを入れなくてはいけないが、できないということもあります。こうなるともうお手上げですね。せっかくのデータが腐ってしまったという感じです。そういうことはときどき起こります。まあ、相手が山ではしかたがない（笑）。

雪が消えるパターンを観察する

赤坂　先ほどの話のなかで、雪形《ゆきがた》っていうのですか――雪のかたち。民俗学からすると、里から山肌の雪の消えかたのパターンを観察して苗を植えるとか、種まきの時期を知る手がかりにする習俗がありますが。

小泉　そうですね。雪形はけっこうよく知られていますね。

赤坂　苗代の時期などを決めるときに、とくに春先には、のこり雪の形を観察して、「あの牛の背が細くなってきたら」というように。くり返される時間としての時期は、毎年正確ですか？　カレンダーとして使えるものですか？

小泉　ある程度は使えると思いますが、やっぱり年によって一か月ぐらいずれることもあります。これは自然のサイクルで、どうしようもないのかもしれません。

赤坂　それは、その年の気温が高いとか低いとかによるのでしょうか？

小泉　まずは雪の多さでしょう。雪の多い・すくないが影響していると思います。

赤坂　雪の多さですか。

小泉　雪が多いと、やはりのこりやすくなります。あとは、梅雨時の気温と雨ですね。気温が高くて雨が降ると、雪はどんどん消えてしまいますが、そうじゃないと、ずっとのこったりします。雪解けのパターンを観察すると、年によってけっこうちがいが出ますね。

赤坂　雪形はたぶん、実際の暦を補完するように活用しているのだと思いますね。いろんな体感的な気温とかを重ねながら、のこり雪の形を占いのようにして眺めているんだと思います。

小泉　そうだと思いますね。

さっきのまとめになりますが、ようするに、稜線を吹き抜けていく風と残雪が大事で、わずかな起伏の差が植生のちがいをもたらしたりするわけです。

先ほどの「箱庭的風景」ですが、ほとんどごった煮みたいですね。だから、ほかの人から見ると、「おまえ、何をやりたいんだ？」となってしまった（笑）。雪の話をしたり、植物の話をしたり、地形の話が出てきたり。でも最後には、みんなわかってくれたようです。

これを修士論文「木曽駒ケ岳高山帯の自然地理学的研究」と題して出したのですが、みんなが「ずいぶん安易なタイトルだねえ」って（笑）。

赤坂　いえ、なかなかシンプルで野心的かつ魅力的だと思いますね（笑）。

小泉　でも、実際のところ、これしか名前のつけようがなかったんです。ふつうは「何々地域の河岸段丘の地形学的研究」とか「雪氷学的研究」とか、個々の分野がわかるように題名を書きます。だけど、自然地理学はひとつのまとまりの全体像をつくるべきではないかと、わたしは考え、「高山帯の自然地理学的研究」にしましたが、わかってもらえませんでしたね。
結果は、『日本生態学会誌』に「木曽駒ケ岳高山帯の自然景観——とくに植生と構造土について」という題名で出しました。これだったらわかってもらえたかもしれません。

フィールドノートのサイズはA5で、なかは方眼紙

赤坂　小泉さんのフィールドノートって、どういうものですか?
小泉　以前はかなり大きめのものを使っていました。そうですね、サイズはA5です。なかは方眼紙になっています。
赤坂　それを見せていただけますか?
小泉　これ（下の写真）です。五ミリ角の方眼紙にしておいて、スケッチがすぐできるようにする。たとえば植生分布を調査するとき、一〇×一〇メートルの範囲だったら、それを一〇×一〇センチに縮めて書きこむんです。ノートのサイズが大きいので、いざというときはひろげればいいので、便利です。スケッチとか、いろんなものに向いています。
赤坂　それは、現場でメモしますか?

フィールドノート。右が表紙、左ページは記入例

小泉　現場でメモします。それから簡単な地形の断面を、測量して写しとります。そういうときは、ノートが大きめだからけっこう使いやすいです。大学ノートだとちょっと大きすぎて具合が悪いです。固い表紙のフィールドノートにしてあります。注文してつくったものですから、使い切ってしまって、いまはそれを使っていませんけど。

赤坂　注文でつくられたわけですか。

小泉　そうです。すこし高くつきますが、それほどではないです。ただ、分布図がすぐにできますから便利です。

赤坂　そうですか。そういう使いかたをするんですか。ぼくも、手帳で使っているのは方眼紙ですが、ぼくにとっては、ほとんど意味がないですね。

小泉　地形の断面を描くときも、方眼紙があると楽ですね。大雑把な形を書きこみ、そこに長さと傾斜を書きこんでおけば、あとの復元が非常に楽です。

日本は亜熱帯だ

小泉　その後、東大の博士課程にすすむのですが、そこで「高山の風についてもっと調べてみたら」というコメントをもらい、調べてみたら、日本列島は世界一の強風地だということがわかりました。これでは山頂現象が顕著に起こるはずです。

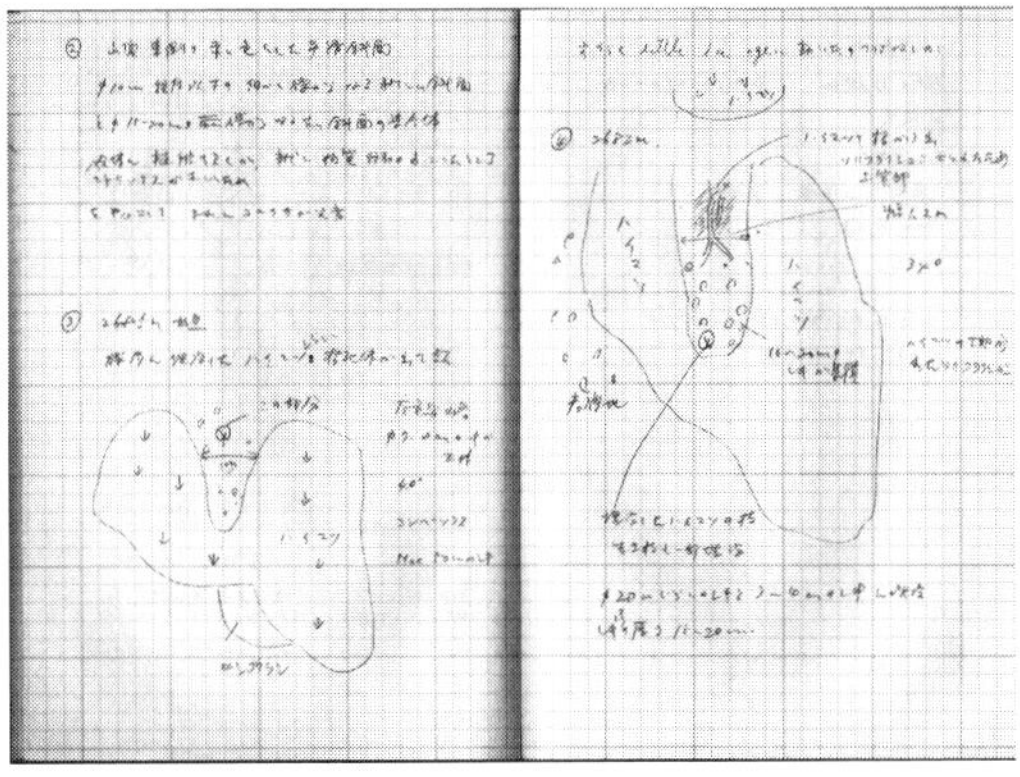

イギリス人のC・W・ニコルさんも書いていますが、日本の山がこんなにきびしいとは思っていなかったそうです。知りあいのドイツ人も、日本にくるまでは、日本は亜熱帯だと思っていたそうです。日本の山は、富士山は別として、ヨーロッパアルプスと比べるとかなり低く、三〇〇〇メートルちょっとくらいですね。東北・北海道の山になると二〇〇〇メートルをようやく超える程度で、けっして高くない。さらに、緯度から考えると、日本はアルプスより一〇〇〇キロほど南にありますから、気候を考えても日本は亜熱帯だと思ってしまうようです。
なぜそう思うかというと、冬場、東海道線に乗るとミカンがなっているのが見えます。ミカンは、ヨーロッパでいえば地中海世界の果物です。西ヨーロッパ人から見れば、常緑の木があり、レモンの仲間のミカンが実っているわけですから、亜熱帯だということになります。ピレネーより北、アルプスより北のドイツ人やイギリス人から見ると、「日本は亜熱帯だ」ということになりそうです。

赤坂　はあ、亜熱帯ですか。

小泉　「亜熱帯の山で、標高は高くない。なんで、そんな山がきびしいんだ?」というわけです。ニコルさんも、「黒姫に住んでみたら、冬、えらくきびしくて、びっくりした」と書いていますが、実際そうだと思います。

赤坂　強風とか多雪といっても、数字的にはどのくらいでしょう?

小泉　世界一の強風として、冬季一月の風速をあげることができます。高層気象のデータで、七〇〇ヘクトパスカル——だいたい高度三〇〇〇メートルに相当するわけですが——そこの風速が、毎秒平均して二一メートルと出ています。また、嵐がくると、毎秒

C・W・ニコル
一九四〇—。ウェールズ生まれの日本の作家、ナチュラリスト。一九九五年に日本国籍を取得した。

五〇メートル、六〇メートルもの風が吹きますが、これは世界中を見てもダントツに強い風です。

どうしてかというと、ヒマラヤの影響です。中緯度の上空には、偏西風とジェット気流が流れています。ところが、ヒマラヤが高いため、ジェット気流はぶつかって一部が南に迂回します。南にいったん下がって、またもどってくる場所が、日本の上空なんです。だから、日本の上空では、ヒマラヤの北を通ったジェット気流と、南を迂回してきたジェット気流の両方がちょうど収斂《しゅうれん》するわけです。だから、風が非常に強くなる。もしヒマラヤがなかったら、日本の山の風はかなり弱くなり、高山植物がなくなってハイマツばかりになっていたかもしれません。

赤坂　なるほど。原因はなんとヒマラヤでしたか。驚きました。それでは、多雪はどうなんでしょうか？

小泉　やはり、世界一ですね。多雪の原因は、シベリア高気圧からの風と対馬海流です。暖流がそばを流れていて、そこに北から強い風が吹くというところは、日本列島をのぞけば、世界にほとんどないです。シベリアからの風が強いのには、ここでもやはりヒマラヤとチベット高原が関係していて、シベリアから南に向かう風がチベット高原などで遮られるために、日本海のほうに向かってしまうんです。

日本列島に次ぐのは、カナダの海岸山脈とアメリカのカスケード山脈でしょうね。あそこの沖合を流れるのは寒流ですが、黒潮の成れの果てなので、雪はけっこう多いです。雪をかぶったレーニア山は立派ですね。その次は、ニュージーランドの南島のニュージーランドアルプスと、チリ南部のパタゴニアくらいでしょうか。西ヨーロッパはおだや

偏西風とジェット気流
中緯度地方の上空を一年を通じて吹く西寄りの風を偏西風と呼ぶが、そのさらに上空を、大きく蛇行しながら流れる強風の部分をジェット気流という。

かな気候で、イギリスのウェールズとスカンディナビア山脈をのぞけば、雪はすくないです。ヨーロッパで雪が比較的多いところは、意外にも地中海性気候の地中海地域です。冬、雨（雪）が降り、ギリシャの山で三メートルくらい積もります。日本はやはり圧倒的に多雪です。

赤坂　縄文を研究している人の話では、八〇〇〇年前ぐらいに、日本列島はいまとほぼ同じ気候風土になったと聞きます。

小泉　はい、そう思います。

赤坂　日本海も湖ではなくなって、対馬海流が入ってくるわけですね。

小泉　おっしゃるとおりです。もっとも日本海は、湖とはいっても朝鮮海峡はつながってはいませんでしたが。八〇〇〇年前に対馬海流の本格的な流入がはじまり、いまの多雪のパターンが定着します。

赤坂　ジェット気流のある高度って、何メートルぐらいですか？

小泉　一万メートルから八〇〇〇メートルぐらいです。

赤坂　一万メートルの空気の動きが、重なりあってできているんですね。

小泉　そういうことですね。いまおっしゃったように、多雪環境は八〇〇〇年ぐらい前からです。それ以前の氷河時代は、日本列島にはあまり雪が降りませんでした。気候は寒くて乾燥していたから、環境は、いまとはずいぶんちがっていたはずです。

赤坂　氷河時代と聞くと何百万年も前のように勝手に頭に浮かべて、「えっ、一万年前、ええっ！」って思いました。

小泉　わたしは新書でたとえるのですが、四六億年前の地球の形成を最初のページとして、

日本海
日本海は、約一五〇〇万年前に日本列島がユーラシア大陸からわかれて現在の場所に移動してくることによって成立した。

最後のページの最後の文字を現在だとします。うしろから数えて何ページくらいが氷河時代にあたるか、ちょっと計算をしてみましょう。たとえば、いま手元にあるこの本は二三〇ページありますので、四六億年を二三〇でわると、一ページの年数が出てきます。答えは二〇〇〇万年です。一ページには二〇行ほど入っていますから、一行は一〇〇万年になります。一行に三三字入っていますから、一文字が三万年なんです。最後の氷河時代のピークは二万年前ですから、最後の一文字に入ってしまう。これなら、氷河時代の痕跡がいたるところにあることも、理解できると思います。

ところで、いままで日本の山のことだけを考えてきましたが、だんだん世界的な視野から日本の山を見るようになってきました。きっかけは、レバノン山脈の調査です。一九七四年、東京大学西アジア洪積世人類遺跡調査団という長い名前の調査団に加わり、シリアとレバノンを訪れました。レバノンは日本よりかなり南にあるという印象ですが、北緯三五度付近にあります。日本の北アルプスあたりと同じです。そこに三〇〇〇メートルの山があるんです。そんなこと、だれも知りません。わたしも、行ってはじめて知った。日本アルプスと同じ緯度、高度ですから、比較するにはちょうどいいというわけです。

赤坂　その使われている地図帳、気になります。

小泉　これですか（笑）。

赤坂　なんだか、高校ぐらいで使っていた、あの地図帳みたいで。

小泉　そうです、ふつうの高等学校の地図帳です。

地図帳
『基本地図帳』二宮書店、二〇〇五―二〇〇六年

赤坂　小泉さんは、いつもこれを使用するんですか？
小泉　いつも、もっています。
赤坂　これ、おもしろい（笑）。
小泉　場所の感覚がけっこうまちがいやすいので、地図帳で確認するんです。
赤坂　レバノンの人たちは山に登りますか？
小泉　ぜんぜん。まるで関心がないです。
赤坂　登山なんか、しないんですね。
小泉　しないです。山へ登る文化がないんです。
赤坂　ないですか。
小泉　ありません。山へ登るっていうと、「なんのために行くの？」と聞かれます。「金を探しに行くんか？」とか。明治時代に日本にきた外国人、たとえばウォルター・ウェストンが、同じことを聞かれています。「銀か、それとも石英か」と。桑原武夫先生は、薬草採りかそれとも鉱山かと聞かれたそうですが。レバノンでは、山へ登っているのは日本人かヨーロッパ系の人ばっかりで、ろくにいません。山ではだれにも会いません。
写真5を見てください。おもしろいでしょう。じつは、これがレバノン山脈のてっぺんなんです。三〇〇〇メートルの山というのに、脳みそのような奇妙な形をしています。石灰岩の山ですから、なかがカルスト

写真5　レバノン山脈の山頂部（コルネ・エル・サウダ付近）

写真6　カルストの吸いこみ穴

になっていて、雨水や雪解け水は、そこから地下にもぐってしまいます（写真6）。

赤坂　ふう〜ん。

小泉　で、山頂部からしみこんだ水が、中腹から急に出てきます（写真7）。そして、そこから下が川になります。日本の川は上流に行くほど支流がわかれていきますが、ここでは支流は一、二本だけです。ずん胴のまま地中海まで流れていきます。

赤坂　ふうん、おもしろい。

小泉　山の上はなだらかですが、突然川がはじまるんです。石灰岩は、風化には強いのですが、二酸化炭素をふくんだ酸性の水（ソーダ水のこと）に弱いですね。そこだけ削られていくから、支流ができない。湧き水の下流だけが谷になります。ただし、一年じゅう水があるわけではありません。雨季だけ流れて、そのあとはぜんぜん流れない。日本の山や川しか知らなかったので、ショックでした。

赤坂　はあ、ぼくもいま、ショックをうけています。同じ緯度で、同じように三〇〇〇メートルの山なのに。

小泉　カルチャーショックです。あまりにも日本の北アルプスと地形がちがいすぎるので。「なんだ、これは?」って感じです。でも、ここに行けてよかったです。こういう変な山を見られたから（笑）。

赤坂　ここには高山植物はないんですか?

写真7　支流のない川（左上に地中海が見える）

ウォルター・ウェストン
一八六一—一九四〇。イギリス人宣教師。登山家でもあり、日本アルプスなどの山や、当時の日本の風習を、世界じゅうに紹介した。

小泉　ありますけど、わずかです。写真は、七月の初めぐらいに撮りました。残雪がかろうじてのこっているのですが、すぐ乾燥してしまうため、植物は乏しいです。

赤坂「日本の山は美しい」とよくいわれますが、このレバノンの山を美しいとは感じないですか？

小泉　個別には美しいところもありますし、地形はおもしろいです。しかし、日本の感覚でみると、違和感が先にたちます。

赤坂　それは、われわれ日本人の美意識でしょうか？

小泉　そう思います。日本の山だと、ほとんど木が生えて森になっていますね。また、日本では高山植物にも多くの種類がありますが、それがほとんどないわけですから。

これは、レバノンスギ（写真8）です。この山にある、非常に立派な木です。ヒノキのように香りのいい木で、六〇〇〇年も前から伐採していたという記録があります。初期にはエジプトのピラミッドの棺にも使用されていましたが、手に入らなくなって石に替わったといわれています。

赤坂　標高何メートルぐらいですか？

小泉　一六〇〇メートルぐらいです。じつは、かつてこの一帯はすべて、この森がおおっていたんです。いまは保護地域になっていますが（写真9）、面積は二ヘクタールほどしかありません。石灰岩に加え、冬に雪が降って、夏は雨がぜんぜん降らない、地中海性気候という悪条件がそろってしまい

写真8　レバノンスギ

写真9　レバノンスギの保護地域

ました。冬の雨で土壌は流されてなくなり、森の跡は藪《やぶ》になっています。トゲトゲの植物が生えていて、木立はもうこれしかない。もしこの林がなかったら、ここがむかし森におおわれていたことを、だれも信じないでしょうね。

赤坂　はげ山ですね。

小泉　はげ山です。むかしはギリシアも森におおわれていたのですが、軍艦とかをつくるためにみんな伐ってしまった。日本の場合は、たまにはげ山もできますけど、たいがいの地域で森がもどってきます。レバノンスギを見て、あらためて日本の自然の豊かさを認識しました。

赤坂　はげ山の民俗については、たしか**千葉徳爾**《ちばとくじ》さんが研究されていました。そういえば、千葉さんは地理学と民俗学を架け橋するようなお仕事をされたかたですね。それにしても、日本の自然はすごく強くて豊かなイメージがあります。はげ山のままでとまる条件はなんでしょうか？

小泉　日本でいうと、やっぱり花崗岩のところが多いです。**深層風化**《しんそうふうか》していて、なかまで砂になっている。そこに表土ができて森があったのですが、木をくり返し伐ると、表土が流れ、下の深層風化した部分が出てきて、侵食がはじまります。こうなると、とまらない。**白砂青松**《はくしゃせいしょう》は日本の海岸の代表的な風景とされていますが、白い砂に青い松ですから、じつは侵食の結果なんです。だから「**亡国の風景**」だといわれてしまうんです。

赤坂　なるほどね。いや、関心をそそられますね。ちょっと呆然としています。

小泉　山をとことん芯まで出すようにしてしまうと、植物は復活できません。はげ山が多いのは、瀬戸内海の島々と、琵琶湖のまわり、それに愛知県瀬戸地方ですね。むかしか

千葉徳爾
一九一六―二〇〇一。日本の民俗学者、地理学者。千葉県生まれ。愛知大学、筑波大学、明治大学の教授や、日本民族学会代表理事を歴任した。柳田國男門下生で、人と動物の交渉史、山村文化などを研究し、『狩猟伝承研究』（六巻、風間書房）にまとめた。

深層風化
地表下すくなくとも数十メートルの深さで進行する風化。

白砂青松
白い砂浜と青々とした松原。美しい海岸の景色をいう。

「亡国の風景」
美しいが、長年にわたる自然破壊の結果生まれた景色であることから、亡国の風景と呼んだもの。

ら、都《みやこ》の建設や製鉄、製塩、窯業《ようぎょう》などで森を痛めつけてきたところです。

赤坂　『もののけ姫』はまさにそうですね。

小泉　そうですね。あれはたたら製鉄ですね。あの映画のテーマは、「森林を破壊する側と、守る側の争い」ということだったのでしょうか。製鉄のために真砂《まさご》を掘り、森林をくり返し伐採してきたわけで、どうしても山が荒れますね。

赤坂　なるほど。

小泉　そういう山も出てきています。

赤坂　われわれは、表層に生えている植生とか生態系しか見ていないですね。

小泉　そうかもしれません。

赤坂　その下にある地質が、その木を伐ったあとに強い影響をあたえている。

小泉　そのとおりです。このことは大事だと思いますね。

赤坂　はげ山だ。

小泉　それについてわたしは、林学の人にもっと基盤の地質や地形を見てほしいと思っています。

赤坂　彼らは見ないわけだ。

小泉　例外的な学者はいますが、ほとんど見ていませんね。最近、『森林立地調査法』という名前の本が出たのですが、「地形・地質」という章は抜けています。土壌からはじまる（笑）。

赤坂　そうなんですか。

小泉　森林立地のいちばんもとになっているのは、地質と地形なんです。とくに地質ですよ。それが発想のかなたに行ってしまっている。これは困ったことだと、わたしは思います。

赤坂　なるほどね。

小泉　見るものが、せいぜい土壌までなんです。

赤坂　それ以上の議論を聞いたことがないです。

小泉　あんまりやらないですね。

赤坂　はげ山について、あらためて民俗学者が研究してくれるといいのですが。

流紋岩は不安定、花崗岩は安定、安定・不安定が植物の分布に大きく関わる

小泉　話はもどりますが、修士論文を提出してから、東大理学部地理の博士課程に進学します。わたしは、自分がふつうの大学院生だと思って行ったのですが、発表を聞いた先輩から、「きみのような八方破れの院生は見たことないよ。ふつうは、雪だとか地形だとか植物だとか、何か専門分野を決めてくるもんだ。まあ、ひとりぐらい変なのがいてもいいかもしれないけど」といわれました。山全体のことをやりたいといっているから、あきれられちゃったのでしょうね。

東大の地理では、先生があまり面倒を見てくれず、院生の上級生が後輩の面倒をよく見るところでした。それでいろんなことを教えてもらいました。また、おたがいの手伝いもよくするところでした。博士課程の一年で、あらためていろいろな山に登りはじめたんですが、このとき北海道一周もしています。先輩の福田正己《ふくだまさみ》さんが企画してくれたん

福田正己
一九四四―。福山市立大学都市経営学部教授。専門は地球環境学で、衛星情報を活用して世界各地で多発する森林火災を抑制するのがテーマ。北海道大学の低温科学研究所に在籍していたときに、大雪山で永久凍土の調査をおこない、その後、アラスカ大学の国際北極圏研究センター教授をつとめた。

ですが、阪口豊先生が、「おれも行く」といって三週間ぐらい同行してくれました。これは非常にめずらしいケースです。あとでわたしの博士論文の審査を担当してくれた先生です。

白馬岳で修士論文の調査をしはじめた大学院生がいて、その調査の手伝いにも出かけました。ここでは、写真10のように、斜面を切る凹みが続いています。むかし「二重山稜」という名で呼んでいた地形で、稜線が逆Wの形になっています。この地形は稜線沿いに多いんですが、よく見ると、ちょっと下がった斜面の途中にも出てくる。どうしてできるのかが、彼のテーマでした。最初の仮説は、小さな「断層ではないか」というものです。ほかに「むかしの川の跡じゃないか」とか、あるいは「地質がちがうために、侵食の度合いがちがったからじゃないか」などという仮説を立てたのですが、最終的に断層だとなりました。

調査に同行していて、おもしろいことに気がつきました。凹地の一部が岩《がん》屑《せつ》で埋められていて、（これは本題には関係のないことですが）調べてみると、そこだけ地質がちがっていた。「なるほど、地質のちがいはこんなところにも影響するんだ」と、はじめて気がつきました。木曽駒のときは地質が単一だったので、地質については考えなくてよかったんです。

赤坂　なるほどね。

小泉　よく見ると、生えている植物もちがう。「おもしろい。これをテーマにしよう」というわけで、二番めのテーマになりました。まさに「情けは

写真11　白馬岳の地質——植生景観1

写真10　線状凹地（白馬岳・小蓮華尾根）

人のためならず」です。

写真11は、白馬岳の小蓮華尾根の登山道から写したものです。植被のあるところとないところの境目が、きわめてはっきりしています。白馬岳の登山道ですから、ここを通った人はみんな見ているはずなんですが、この現象にはだれも気がつかなかったんです。植物の研究者は、たとえばコマクサを探して歩きますから、コマクサがある場所を見て「あった、あった」といい、なくなるとさっさと行ってしまう。

赤坂　うーん。

小泉　一方、地質学者は、「岩が見えないから、植物なんてなけりゃいいのに」と思っている（笑）。両方見ようという人は、だれもいない。ほんとうに不思議です。

地質の影響については、古くから研究があります。ただ蛇紋岩《じゃもんがん》や橄欖岩《かんらんがん》（尾瀬の至仏山や早池峰山《はやちねさん》をつくる岩）、あるいは石灰岩といった特殊な岩に、研究が限られていました。ヨーロッパでは、このような特殊な岩にめずらしい植物が分布することが、一五〇年くらい前から知られていました。蛇紋岩や石灰岩は、塩基性あるいは超塩基性といわれる岩です。したがって、影響は化学的なものと考えられてきました。

しかし、白馬岳の岩は、花崗岩とか安山岩とか流紋岩とかいった、どこにでもあるようなごくありきたりな岩石です。化学的な影響は考えられません。ところが、こうしたありきたりの岩石が植物の分布に影響しているんです。

花崗岩と流紋岩は化学的な成分にはそれほどちがいがありませんから、化学成分では説明できません。そこで注目したのが、岩の割れかたです。流紋岩はこまかく割れてザラザラした不安定な岩屑斜面をつくりますが、花崗岩は大きな岩塊をつくり、安定してい

阪口豊
一九二九―。東京大学名誉教授。花粉分析による古気候、古植生復元の第一人者。著書に『泥炭地の地学　環境の変化を探る』（東京大学出版会）、『尾瀬ヶ原の自然史　景観の秘密をさぐる』（中公新書）など。

ます。くわしい話ははぶきますが、この安定・不安定が植物の分布に大きく関わっていることを見出しました。

こういう話をする人は、世界的にみてもまだいません。地質学と生態学と地形学の広い知識が必要だとされるせいかもしれませんが、みな枠からはみ出すのがいやなようです。両方の分野からじゃま者扱いをされ、研究が評価されにくいことが原因かもしれません。いずれにしても、学問が分化しすぎたせいか、みんなこまかい話ばっかりします。日高敏隆さんの本に、セミが鳴く物理的なメカニズムをくわしく研究していた学者が、ある日、セミはそもそもなんのために鳴いているかと考えたことがなかったことに気づき、愕然としたという話が出ていましたが、よく似ています。

赤坂　小泉さんは、宮沢賢治に関心がありますか?

小泉　あります。よく読んでいます。

赤坂　賢治は、早池峰山にずいぶん登って、蛇紋岩がめずらしいことを知識として知っていましたね。いま、それを思い出していました。

小泉　わたしの自然観察グループにも、熱烈な賢治ファンがいまして、くるたびに宮沢賢治の話をしています。すっかり傾倒しています。

赤坂「石ころ賢さん」ってあだ名で、馬鹿にされてね。

小泉　えっ、そうなんですか（笑）。馬鹿にされてたんですか。

赤坂　馬鹿にされている。地元ではそうです。

小泉　それは知りませんでした。ただ知りあいの賢治ファンのかたは、わたしの山の自然学が賢治の童話につながるようなところがあるといっています。全体を見ようとしている点が似ているのかもしれません。
写真12は、写真11の続きです。ここでも、手前の大きい岩がゴロゴロしているところと、その先のザラザラした斜面で、植被のつきかたがちがいます。写真13は写真12の裏側にあたりますが、画面中央を斜めに走る線が地質の境界になっていることがよくわかります。地質が変わると岩の硬さがちがうので、段差ができています。
話をすこしもどしますが、わたしが修士論文を書いていたころ、寒冷地形談話会が発足します。当時、氷河地形や高山の研究者が各大学にひとりかふたりぐらいポツンポツンといましたが、それではよくないから、研究発表や調査をいっしょにしようではないかということで、会ができました。わたしたちより上の世代がリーダーになり、わたしたちは事務局を担当しました。学部生もたくさん入ってきました。この会に参加することで、ずいぶん勉強になったと思います。

赤坂　この談話会は、いまもありますか?

小泉　あります。ついこのあいだ、四〇周年を迎えました。
このグループが白馬岳あたりで合同調査をおこなうというので、参加しました。グループのなかに、高校の植物の先生、鈴木由告《すずきよしつぐ》さんもいました。残念ながらもう亡くなりましたが、フィールド感覚のとてもいい人で、彼にいろんなことを教わって、視野がひろがりました。

赤坂　すいません、「いい感覚」ってどういうことでしょうか?

写真12　白馬岳の地質——植生景観2

写真13　白馬岳の地質——植生景観3（写真12の裏側）

小泉　自然をよく読める感覚です。白馬岳に行ったとき、すでに彼はさらに北にある鉢ヶ岳で調査をおこなっていて、土地の性質で植物がちがってくることに気がついていたんです。どういうことかというと、「ここは石ころが集まっている。ここは砂礫地だ。ここは大きな岩が重なっている——それぞれで植物がちがっている」という認識でした。これは地生態学（ジオエコロジー）などだれも知らない時代のことですから、それだけでもたいへんなことです。ただわたしは、その先を考え、「ここは砂礫地になっているが、その横は石が集まっている。それはなぜか?」と疑問を立てました。そして、地質や岩の割れかたに原因があるからというように、議論をすすめたのです。

赤坂　ほとんどの植物学者は、そういうことに関心がないのでしょうか?

小泉　なかったです。そういうことに気がついていた人は、鈴木さんと大場達之《おおばたつゆき》さんくらいでしょうか。写真13（前ページ）はわたしがよく出す写真なのですが、ふつうの人に見せても、「何もわからない」といいます。

赤坂　なんにもわからないです。

小泉　「ここに境目があるでしょ?」「あ、見えた!」という感じです。いわれてはじめて、地質の境目が見えてくるということのようです。

赤坂　すみません、地質ってなんですか?

小泉　「岩の種類」といったほうがいいかもしれません。

赤坂　岩の種類ね。

小泉　途中で色がちがっていますが、これが岩の境目です。世のなかの人は、植物の名前はよく覚えます。でも、地質にほとんど関心がない。だけど、植物がなぜそこにあるの

鈴木由告
一九二八—八九。元・都立高校教諭。関東地方のカタクリは北向き斜面にだけあることを、詳細に調査してあきらかにした。

大場達之
一九三六—。植物生態学者。神奈川県立博物館専門学芸員、千葉県立中央博物館副館長を歴任。おもな著書に『ヨーロッパの高山植物』（学習研究社）、『山の植物誌』（山と渓谷社）など。

かを考えると、やはり地質にいかざるをえない。だけど岩には興味がないので、「えっ、岩なの、先生？」といわれてしまいます（笑）。そこでわたしは、社会人グループの人には「岩の名前は覚えなくていいです」というようにしています。別に覚える必要はないし、名前を覚えたところで、役に立たない。そうではなくて、白い岩とか、黒い岩とか、見たとおりで分類し、あとは割れかたを見てもらう。硬いか柔らかいかは地形を見ればわかるから「ちがいのあることに気づいてもらえれば、それでもう十分です」といっています。実際に山に登ったとき、岩が変わると境目が崖になっていたりする。それに気がつくようになってほしいと思います。「なんとかかんとか……安山岩とかいいだすと、みんないやになるから、それはあとでいいです」といっています。

硬いか軟らかいか　岩は基本的に硬いのだが、風化にたいして抵抗性の大きい岩はでっぱり、そうでない岩は凹むので、それを「硬い」「軟らかい」と表現する。

赤坂　これは、どこの山ですか？

小泉　白馬岳です。白馬岳はいろいろな岩があるところで、登山道を歩いていても、地質がよく変化します。そのたびに、地表の様子も植生も変化します。

博士論文拒否される

小泉　そんなわけで、いままでの話をまとめて博士論文にしようとしたのですが、阪口先生に拒否されました。「オリジナルな話がたくさん入っているのですが」といったのですが、「ダメだ」っていう。「生態学に出すんだったらいいだろう。でも、きみは地理なんだから、日本の山全体を対象にして研究をやれ。それが、これまでのこの教室の方針だ」といわれまして。当時はこの方針でやってきていたものですから、東大地理で学位をとった人はわずかでした。数年にひとりですね。わたしの先輩では、五〇歳ぐらいになってから博士になった人が、何人かいます。かなり優秀な人でも、学位をとらないで終わったケースが多いです。

赤坂　いまは、文系でも博士が大量生産の時代ですからね。

小泉　いまはだいぶ変わりました。

赤坂　テーマを小さくしてね。

小泉　そうですね、コンパクトにまとめたものが多い。わたしの場合は、「きみの博士論文を読んだら、日本の山のことが全部わかるようなものを書くべきだ」っていう注文です。

赤坂　はあ、そうくるわけですか。

小泉　「きみは、日本アルプスのどこを調査したの？」「白馬のあたりと木曽駒です」「じゃあ、まだ南アルプスがある。北アルプスにもまだいっぱい山がある。その次は東北・北海道の山だ。火山もあるぞ」と。それを聞いて、なんてひどいと思ったんですが、どうしようもない。仕方ないので出直しです。南アルプスでは赤石岳《あかいしだけ》や北岳で調査をし、中央アルプスでも別の山に行き、火山では大雪山、乗鞍岳《のりくらだけ》、鳥海山あたりを調べました。北アルプスでは薬師岳、蓮華岳、蝶ヶ岳、常念岳といったあたりを対象にして調査をしました。順次論文にまとめたんです。

写真14は、南アルプスの北岳にある肩の小屋付近を写したものです。北岳は、日本第二位の高峰です。小屋の手前まではなだらかな尾根だったのに、小屋の背後から山が急に険しくなります。これも、地質が変わっ

写真14　北岳、肩の小屋付近

たせいなんです。手前は、砂岩や泥岩という砂や泥が固まった岩ですが、ここから石灰岩や玄武岩、チャートといった硬い岩に変わる。写真で白く見える部分が石灰岩地、黒い部分が玄武岩地です。頂上付近では、チャートというきわめて硬い岩が優勢になります。

北岳のてっぺんを越えて南側にすこし降りると、石灰岩地になります(写真15)。ここは、北岳の植物分布の核心部にあたるところです。氷河時代に氷河が削った跡ですが、そこにかろうじて土壌が載っていて、そこにお花畑ができています。ここには、キタダケソウをはじめとして、固有種が多数分布しています。

問題は、「北岳の山頂部は、なぜこんなに地質が複雑なのか」ということです。北岳は植物の種類が非常に多いのですが、その元に基盤の岩があります。ただ、石灰岩は海でできた岩ですし、玄武岩は火山性の岩です。これをどう説明するか。

写真15　北岳、石灰岩の岩壁(キタダケソウがここに生育している)

プレートテクトニクスによる説明

小泉　かつて、そこにある岩はその場でできたと考えられていました。しかし、一九七〇年代からプレートテクトニクスという考えかたが出てきて、地質の成り立ちの説明を大きく変えてしまいます。それによれば、北岳の地質のおおもとは南太平洋のイースター島付近の海底火山だということになります。海底火山で噴出した玄武岩の溶岩はふたつ

プレートテクトニクス
地球の表面は十数枚のプレート(岩盤)からなり、その動きによって山脈や海溝の配置、火山や地質の分布などが説明できるという学説。

にわかれ、ひとつは日本列島のほうに、もうひとつはアンデス山脈のほうに動きはじめます。日本列島のところまでくるのに一億年ぐらいかかって、最終的に列島にくっつき、日本の地質ができてくる。これが、いまの地質学の考えかたです。

赤坂　はあ……。

小泉　図3は、平朝彦《たいらあさひこ》さんの岩波新書から借りた図ですが、まず南太平洋の海底山脈でマグマが出ます。枕状溶岩といい、玄武岩の溶岩です。じつは、この溶岩が北岳のてっぺんにある岩なんです。そのあとに石灰岩ができ、チャートが載り、さらにいろいろ重なって、日本海溝までやってくる。すると、ここに大陸側から砂や泥が地震の際になだれ落ちてきて堆積し、砂岩や泥岩になります。

南太平洋からはるばるやってきた岩石のセットは、日本海溝で砂や泥にかこまれ、プレートが地下にもぐるところでもみくちゃになる。もみくちゃになった岩の一部がスライスされて、付加体というかたちで日本列島の下にくっつく。付加体はその後、次第に地下から上昇して、数千万年後に北岳のてっぺんに出ることになりました。キタダケソウは石灰岩の上にしか生えないのですが、かんたんにいえば、一億三〇〇〇万年の歴史をその背中に背負っていることになります。

赤坂　はあ、一億三〇〇〇万年の歴史ですか。ほんとにそそられます

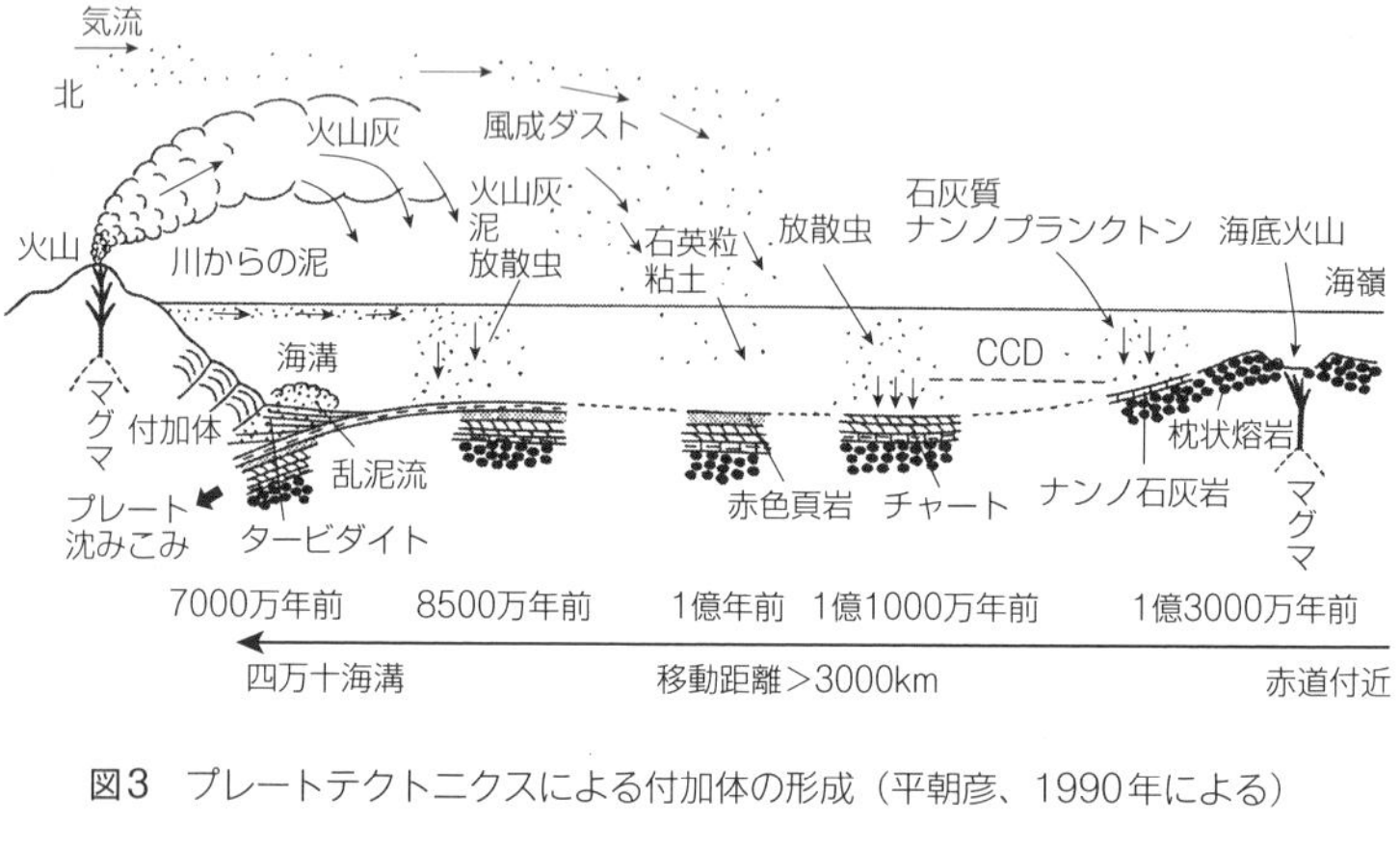

図3　プレートテクトニクスによる付加体の形成（平朝彦、1990年による）

ねえ。

小泉　自然は、ほんとうにつながっています。こういう地質の成り立ちがあって、できてくる地形や表層地質がちがってきます。さらに、土壌や水文《すいもん》条件にちがいが生じ、それらをベースにして、植物や植生ができてきます。

そういうことで、いま、ようやく地質の話までやってきました。最初にお話ししたのは全体の自然景観でしたが、このあたりから、植物の生育する基盤の話に特化してきました。けれども、そのなかから、ちょっと異質ですが、大雪山《だいせつざん》の永久凍土地域の植物群落の話が、三番めのテーマとして浮上してきます。

カナダ北極圏のエルズミア島の仮説をひっくり返す

小泉　院生のころ、先輩の福田正己さんが大雪山で永久凍土の調査をやっていたので、お手伝いに行きました。凍土の調査ですから、物理的な探査をやったり地温を測ったりするのが調査の中心ですが、わたしはお手伝いをしながら、植物にも影響がありそうだと考えました。そして、二、三年してから調査に出かけました。

夏場、凍土は表面から数十センチから一メートルくらい解けます。解けた部分には地下水がたまるんですが、地下水面までの深さが植物の分布に関係していることがわかりました。それを日本生態学会誌に出しました。

日本生態学会誌に出したあと、一九八三年にアラスカで永久凍土の国際会議があったので、それを発表しました。会議の前後に一週間ずつの内陸部の巡検（観察旅行）がついていて、それに参加した際、チェコスロバキア出身のスボボダさんという、トロント大学の先生と仲よくなりました。数年してスボボダさんから連絡があり、毎年夏、カナダ北極圏のエルズミア島で調査をしているから、こないかと呼んでくれました。カナダまでの旅費までは払えないけど、向こうでの滞在費は全部面倒みてくれるという好条件です。現地での食糧とか運搬のためのヘリコプター代とか、多額の費用がかかるんですが、それは先方が負担してくれました。喜んで出かけたことはいうまでもありません。

北緯七九・五度ですから、地球のてっぺんのようなところです。そこに、彼らが「極地オアシス」と呼ぶ草地がありまして、それがなぜできたかを調べていました。どのあたりかっていうと、(地図帳をくりながら)ここです。

赤坂　高校の地図帳って便利ですね。

小泉　そうです(笑)。たいへん便利です。エルズミア島は、グリーンランドの左肩にある島といったらいいでしょうか。北極にいちばん近い島です。極地なので、夏は白夜が続きます。太陽が上空で楕円を描いてまわっているため、不思議な感じがします。

赤坂　ええ。

小泉　エルズミア島には広い谷間があって、極地にもかかわらず、そこには密な草地があります。彼らはそれをアークティックオアシス、つまり極地オアシスと呼んでいました。なぜそんな草地ができるかが問題で、トロント大の人たちは、温度条件が重要だと考えていました。彼らは、「一日じゅう上から太陽があたり、輻射熱で谷間が温まる。それで、気温があがって植物が繁茂する」という仮説をもっていました。それを「オープン効果」と呼び、仮説を実証するために、いろいろなところに温度計を設置していました。

エルズミア島
カナダ最北端にあるクイーン・エリザベス諸島中最大の島で、面積は二一万三〇〇〇平方キロ。山地・丘陵性で氷河が多く、海岸にはいたるところにフィヨルドが見られる。

でも、ちがっていました（笑）。

赤坂　ほお。

小泉　わたしは、地質に原因があることを指摘して、彼らの仮説をひっくり返してしまいました。呼んでくれたのにもうしわけないけど……。

写真16に、オアシスのある谷間が写っていますが、右側が北にあたる山で、オアシスは谷底の平野から山の斜面にできています。ところが、左側の山には植物はほとんど生えていない。前者は花崗岩地で、大きな岩や砂礫からなる、氷河時代の氷河の堆積物が斜面上に載っています。植物はそこに密生している。表土が安定しているので、植物の生育には都合がいいんだと思います。

左側の山は、石灰質の泥岩に似た岩――トロント大の人たちは「ドロマイト」と呼んでいました――です。この岩は、前に出てきた白馬岳の流紋岩と同じで、凍結破砕作用をうけてかんたんに割れるんです。谷に面する側には岩の壁があって、そこから岩屑が落ち、下部に崖錐をつくります。たまった岩屑が安息角を超えると、岩屑の流れとなって動きます。また、なだらかな斜面では、ソリフラクションローブと呼ぶ地形をつくっていて（写真17）、きわめてゆっくりとですが、岩屑が動いています。これでは表土が不安定すぎて、植物は生育できません。

念のために、わたしも気温や地温を調べてみたんですが、谷間を風が吹きぬけるため、気温はさっぱりあがらない。オーブン効果は起こってい

写真17　エルズミア島・ソリフラクションローブ

写真16　エルズミア島の景観

ないんです。

結局、「本来ならばどこでもオアシスができるはずなのだが、ドロマイトの分布地は岩がこまかく割れるため表土が不安定になり、植物が生育できない。したがって、彼らが極地オアシスと呼んでいたのは、けっして特殊な植生ではない」と結論づけました。逆にいえば、南側の山地を構成するドロマイト地域で植物が生育できないため、低地と花崗岩からなる北の山にある草地が目立つようになっただけだと説明しました。すると、当然ながら、みんな怒ります。

それまで彼らが何年もかけて研究してきたのに、わたしが行って、ちょっと見ただけで、仮説をひっくり返すわけですから。「じゃあ、おまえはこれをどう説明するんだ？」「ここはどうだ？」と、いろいろな現場にわたしをつれていって、論争です。「いや、これはこういうわけだよ」「これはこうだよ」と説明する。「ううーん」という感じですが、もちろんそうかんたんには認めない。最後は、「そんな話は、いまだかつて聞いたことがない」(笑)。

わたしの考察は日本地理学会の英文誌に掲載され、わたしは彼らに論文を送りました。彼らがその後、それをどうしたかは知りませんが、呼んでくれた先生は、こうなることを想定していたかもしれません。「あいつは変なことをやっているので、もしかしたら……」と。

赤坂　ここまでの確認ですが、化学成分の分析や、あるいは温度を測ることは、ある意味では実験室的な調査方法だと思いますが、小泉さんのやられている岩の割れかたとか、柔らかいとか、硬いとか、ザラザラしているとか、それはまさにフィールドの知ですね。

安息角
砂礫などを落下させると円錐ができるが、この斜面が崩れないで安定している最大の傾斜角のこと。通常は三五度前後。

そのフィールドに立たなければ、エルズミア島の岩の割れかたが、じつは白馬岳のあの光景とパラレルになっているとかいうことは、わからなかったと思います。いまの話はあきらかにフィールドの知なんだっていう気がします。

小泉　おっしゃるとおりだと思います。

赤坂　いや、とてもおもしろかったです。

小泉　そうですか、ありがとうございます。たしかに、フィールドに出ていかないと出てこない話ですね。

赤坂　このシリーズは、とにかくフィールドの楽しさを知ってもらいたい、それが目的みたいなものですから。いや、興奮させられました。

小泉　はい。

赤坂　ところで、最近の若い学生たちはフィールドが好きですか？

小泉　好きですね。かつて、わたしのゼミでは毎年、北アルプスなどにみんなで登って調査をしていました。山登りばかりしていたので、冗談で「軟式山岳部」と呼んでいたほどです。現在でも、おもしろい場所につれていくと、みんな大喜びです。ときどき、レベルが高くて好奇心が旺盛な連中がそろう学年があり、そういうときは、ほんとうによく出かけていました。親からもらった授業料をフィールドに使ってしまって親に怒られたというOBも、ひとり、ふたりにとどまりません。ひところすこし衰えた時期もありましたけど、また最近、〝外まわり〟は復活してきました。

赤坂　そうですか。いいことですね。

小泉　教育のやりかただと思います。春から夏にかけて、わたしはほとんど毎週のように、学生を野外につれ出します。とにかく現場に行って、「ほら、こんなになってるよ」「どうしてだろう」と考えさせる。すると、学生は伸びていきます。

赤坂　民俗学も基本的には変わりません。ただ、ちがう部分がある。民俗学の場合は、フィールドそのものがどんどん縮小している、断片化している。野本寛一先生のようなすぐれたフィールドワーカーであれば、学生たちはフィールドのおもしろさをとことんたたきこまれますが、フィールドから得られる情報がどんどんすくなくなって断片化している状況のなかでは、フィールドのおもしろさを身をもって教えられる研究者があきらかに減少しつつありますね。ぼく自身がまったく中途半端なフィールドワーカーですから、大きなことはいえませんが。

小泉　そうですか。

赤坂　そうすると、教えられるほうも「フィールドが楽しい」とは感じないですから、大学の近場で資料を集めて、問いかけも何もなく、「あんまり遠くへ行くのも、めんどうくさい」とか（笑）。悪循環のなかで、フィールドに背を向けるという動きが起きているようです。教えるほうがフィールドを楽しんでいないと、学生がかわいそうだなと思いますね。

小泉　そうですね。こちらが楽しむのが先ですね。でも、チャンスをあたえれば伸びるのは伸びますから、どんどん野外につれ出したいと思います。

野本寛一
一九三七―。民俗学者。近畿大学名誉教授。著作に『焼畑民俗文化論』（雄山閣）、『生態民俗学序説』（白水社）、『栃と餅　食の民俗構造を探る』（岩波書店）、『自然災害と民俗』（森話社）などがある。

三頭山のブナ

小泉　次の話に移りたいと思います。ずっと高い山で調査をしてきましたが、地形・地質と植生の関係は、高山帯以外ではどうなっているのだろうかと疑問に思い、三頭山《みとうさん》という東京の奥の秋川の源流にあたる山で調査をはじめました。標高一五〇〇メートルくらいの、ブナ帯にある山です。硬砂岩《こうさがん》と石英閃緑岩《せきえいせんりょくがん》の二種類の岩があって、片方は硬くて岩盤が露出し、いたるところに崖ができている。もう一方は、斜面はなだらかで厚い土壌ができています。それぞれに生育する樹種がちがっていました。樹木の分布が地形・地質と関係あることが、ここでも確認できました。

ところが、この調査を通じてふたつ、おもしろい副産物が出てきました。ひとつは、三頭山のブナは大木ばかりで、跡継ぎが育っていないのではないかという問題です。日本海側の山地のブナ林ですと、大きなブナが点在していて、あいだにいろいろな樹齢の跡継ぎの木がたくさんあります。しかし三頭山では、太い木は点々とあっても、若い木がない。つまり、跡継ぎが育っていないんです。

三頭山の大木の樹齢を調べたら、一例だけですが、二六八歳だとわかりました。江戸時代のなかばに発芽したことになります。じつは、江戸時代は寒冷な時代でした。世界的に「小氷期」と呼ばれ、ヨーロッパではかなり寒くなって、テムズ川が凍ったとか、いちばんひどいときにはデンマークとノルウェーのあいだの海が凍りついて、歩いてわたることができたという話があります。日本では、夏の気温があがらず、飢饉が頻発しました。いまから二〇〇～三〇〇年くらい前のことです。

三頭山
東京都西多摩郡から山梨県上野原市、北都留郡にまたがる標高一五三一メートルの山。三つの頂上があるので三頭山という。奥多摩三山の最高峰。また多摩川最大の支流、秋川の源頭の山でもある。約八〇〇万年前に地下から溶岩がつきあげ、およそ八合目までが石英閃緑岩でしめられている。この閃緑岩を「数馬御影石《かずまみかげいし》」と称している。周辺は森水源林として保護されており、山頂周辺にはブナ林がのこっている。

太平洋側のブナ林は、どうもそのころに芽が出て育ち、いま大木になっているのではないかと考え、鈴木由告先生と連名でレポートを書きました。それには、三頭山のブナはいまの気候にあってない、小氷期のレリック（残存種）ではないかって書いてあります。そうしましたら、島野くんという千葉大の大学院生がわたしたちのレポートを読んでくれ、「これはおもしろい」といって、仮説を裏づけるような調査をしてくれました。彼はいま信州大学につとめていて、優秀なブナ林の研究者になっているのですが、結果を生態学会で発表したら、ボコボコにやられました（笑）。

赤坂　ふうん。

小泉　どうしてかというと、教科書にはブナ林はいまの気候にあった極相だと書いてあるわけです。それが、そうじゃないというわけですから、当然反発をうけます。「おまえは、なんの根拠があってそんなことをいうのか」と、かわいそうなぐらいたたかれましたが、その後、調査がすすむにつれて、「もしかしたら、彼らのいってることがあっているのかもしれない」という話に変わってきました。ブナ林については、いま、日本各地の大学の研究室で見直しをやっています。ですから、彼の発表も結果的によかった。これが副産物のひとつです。

もうひとつは、谷筋の森林の成立条件についてです。三頭山のブナ沢という沢には、シオジとサワグルミという二種類の樹木が分布しており、住みわけをしていて、それぞれが立派な林になっていました。これは鈴木由告先生が気づいたのですが、住みわけの理由は不明だったので、わたしのゼミの女子学生が卒論でこのテーマをもらい、調べることになりました。

それまでの見解では、谷筋の樹木は谷の湿った環境を好むから、そこに生育しているのだと考えられてきたのですが、どうも二〇〇〜三〇〇年に一回程度発生する土石流が森林の成立にきいているのではないかというのが、わたしたちの仮説でした。

彼女は、長さ二キロぐらいの沢に沿って、シオジとサワグルミの一本一本が、高さ何メートルで直径何センチかを調べ、どこにあったかを地形図に落として分布図を作成しました。ところが、分布図の作成が終わったころに豪雨が起こって、ほんとうに土石流が発生してしまい、沢筋の樹木のかなりの数が引き抜かれて流木になってしまいました（写真18）。

彼女が「わたしのフィールドがなくなってしまった」と泣きそうな顔でやってきたので、わたしもすぐに現場に駆けつけたのですが、あまりのひどさに驚くばかりでした。

でも、考えてみると、思わぬかたちで仮説が実証されたことになります。土石流でやられるまえの状態がわかっていたので、どの木が被害をうけたかが一目瞭然でした。たぶん、世界でたったひとつのすばらしいデータだと思います。

それからもう二〇年くらいたちますので、土石流のあと、樹木がどのように復活してきているか調査しています。主にシオジの若木が生育をはじめ、森が回復しつつあるという、おもしろい結果が出ています。

この研究は、植物生態学者や林学者にとって相当ショックだったと思います。本来なら部外者である地理の連中がこんなことを実証したのですから。生態や林学の人から見れ

写真18　豪雨で生じた三頭山の流木

ば「まったく（困ったもんだ）！」という感じでしょうが、しょうがないですね。データが出てしまったから。いまは、仕方がないから成果を利用せざるをえなくなっています。

わたしのドクター論文

小泉　高山帯の話にもどります。これからは、わたしのドクター論文の話です。白馬岳の北にある三国境付近の斜面で、写真19に示したように、新しい礫が草地をおおうように出ているのを観察しました。これを見て、どうやら礫の出る時代が何回かあったのではと考えるようになりました。写真20の斜面もそうなんですが、同じ地質条件、気候条件で、傾斜もほとんどいっしょなのに、植生のつきかたがまるでちがっています。二〇年ぐらい通って、なにか変だなと思っていたのですが、あらためて見直したら、こんなふうになっている。これは、斜面のできた時代にちがいがあるためではないかと考えました。

といっても手がかりはないので、どうしようかと考え、風化被膜というものを使おうと考えつきました。くわしい説明ははぶきますが、岩石は、長いあいだに表面に近い部分から風化して変色してきます。その厚さを測って年代を知るという方法です。

結論からいうと、写真20の奥の植被におおわれたところが、二万年ぐ

写真20　「節理岩」の植生分布。斜面の上部に突出した岩があり、割れ目（節理）が多かったため、「節理岩」と仮称した

写真19　草地をおおう新しい礫

らい前の氷河時代の斜面です。手前の礫地は一万一〇〇〇年ぐらい前の斜面です。もうちょっと上に三〇〇〇年くらい前の斜面があって、さらに、新しい「現在」の礫が堆積してできた斜面が、わずかにある。

「現在」は、もしかしたら小氷期（約三〇〇年前）にあたるのかもしれませんが、あとの三つの時代はいずれも、寒冷な時期にあたっています。最終氷期の極相期（約二万年前）、新ドリアス期（約一万一〇〇〇年前）、ネオグラシエーション期（約三〇〇〇年前）です。それに「現在」形成中の斜面を加え、それぞれの斜面で植生がちがうということをあきらかにしました。

成果は『地学雑誌』に出したのですが、生態学者にとっては、地質が植物に関わってくるというだけでもいやなのに、今度は同じ地質のなかで四つの時代にわかれるなどというう。「もういい加減にしてくれ」という感じでしょうね。だから、だれも引用してくれない（笑）。あまりにも常識からふっ飛びすぎているので、この論文一本だけで終わってしまうかもしれません。残念ですが、まあ仕方がないでしょうね。

そこで、地質と植生の話に加え、この話を博士論文の中心にしようと思い、阪口先生に相談にいったら、「まあいいだろう」ということになり（笑）、論文をまとめました。拒否されて一五年たったところでしたが、先生（指導教官）が退職するので「いま出さないとダメだよ」という話になった。さっきの「火山もあるよ」みたいな話のときは、何十年たってもできそうになかったのですが、今回は、先生が出された条件は満たしてないけれども、ＯＫを出してくれました。

これで博士になったのですが、そのあといろいろ本を書きました。博士論文にいたるまでの経過を書いた『日本の山はなぜ美しい』や『山の自然学』などがそれにあたります。それに、半分あそびですが、「司馬遼太郎の地理学」「ゲーテの自然地理学」といった文を書き、『登山の誕生』もまとめました。

赤坂　すいません、司馬遼太郎の地理学ってなんですか？

小泉　司馬遼太郎は、『街道をゆく』や歴史評論や各地での講演録など、いろいろなものを本にしていますが、彼の書いたものがなぜおもしろいかというと、ベースに地理の話があるからなんです。こんな自然環境があって、それに人がこんなふうにはたらきかけて、産業を興し、歴史をつくってきた――そういうことを、説得力のあるかたちで書いている。

赤坂　そうですか、なるほど。

小泉　たとえば、秦がなぜ中国を統一できたかというと、「中国の西のはずれにあっため、遊牧や騎馬、製鉄といった技術をいちはやくとり入れ、富国強兵が可能になったからだ」というような説明です。そんなふうに、歴史の背景にある風土みたいなものを克明に紹介しています。和辻哲郎みたいな哲学的な話ではなくて、どこどこの場所はこうだということを、それぞれ地域ごとに、具体的に述べている。たとえば、庄内の砂丘は、江戸時代からたいへんな苦労をしてマツを植林するんですが、砂丘に直接マツを植えてもうまくいかないので、試行錯誤のすえ、先駆植物にあたるものを見つけて、それを植え、順次、植物を替えていったとか、島根県のたたら製鉄を支えた地質や森林の話とか、おもしろい話が次々に登場します。ものごとのつながりを意識して書いているので、わかりやすいのです。

『日本の山はなぜ美しい　山の自然学への招待』
古今書院、一九九三年

『山の自然学』
岩波新書、一九九八年

『登山の誕生　人はなぜ山に登るようになったのか』
中公新書、二〇〇一年

和辻哲郎
一八八九―一九六〇。日本の哲学者、倫理学者、文化史家、日本思想史家。その倫理学の体系は、「和辻倫理学」と呼ばれる。『古寺巡礼』（岩波書店、一九一九年）、『風土　人間学的考察』（岩波書店、一九三五年）などの著作がある。

赤坂　なるほど。書かれたことはあるんですか？
小泉　これは、大学の紀要に書きました。
赤坂　ああそうですか。
小泉　はい。ゲーテの自然地理学もそうですけれども。
赤坂　それ、ぜひ読みたいです。
小泉　そうですか（笑）。お送りします。
『登山の誕生』は、これまで英雄的な登山ばかりが登山史の対象になってきたので、そうじゃないふつうの人の登山もちゃんと見ようというもので、ヨーロッパと比較しながら文化史的に書きました。これは趣味の産物です。
赤坂　武田久吉《たけだひさよし》さんの「尾瀬紀行」なんか、大好きです。
小泉　そうですね。わたしもいいと思います。
赤坂　発見の喜びがあっていいですね。明治三八年の紀行エッセイですけど、自然だけじゃなくて生態系もあれば民俗にたいするまなざしもあり、まさにトータルに尾瀬ヶ原という場所を眺めている。
小泉　おっしゃるとおりだと思いますね。いまとちがって、むかしは麓までたどり着くのに何日もかかりましたから、山村の人たちとの触れあいも豊かだった。
赤坂　魅力的ですよ。
小泉　ええ、むかしの科学者には、そういう幅の広い人が多かったように思います。地理の分野では辻村太郎という先生がいて、彼は地形・地質の専門家ですけれど、植物がどうしたとか、鳥が鳴いてどうとか、けっこうよく書いています。そこの風景がそのまま

武田久吉
一八八三—一九七二。日本の植物学者、登山家。東京都出身。各地の山を登って高山植物の研究をおこなうとともに、尾瀬の保護につとめた。一九〇五年に日本山岳会を創立。第六代日本山岳会会長をつとめたほか、初代日本山岳協会会長、日本自然保護協会会長を歴任した。

辻村太郎
一八九〇—一九八三。日本の地理学者、地形学者。地形学を中心とした、日本における地理学の確立につとめ、長く日本の地理学をリードした。

浮かんでくるような紀行文です。上手です。残念ながら、いまはそういう人があまりいませんね。

赤坂　そうですね。

縞枯れ現象の原因は

小泉　次に、縞枯れの話をしましょう。八ヶ岳の縞枯山《しまがれやま》が有名ですが、針葉樹の枯れた帯が次第に上昇して、縞々模様をつくる現象です（写真21）。なぜ縞枯れが起こるのか。これについては植物生態学者と気候学者が調べてきたのですが、もっぱら南からの強風という気候条件だけに原因を求めていました。けれどもわたしは、これも森の下の地質に原因があると考えました。

縞枯れが生じているところは、岩がゴロゴロした岩塊斜面なんです。樹木は、岩をつかむように根を張っています。ところが、そこに強い風が吹くと幹が揺さぶられ、根が切れて、一、二年のうちに立ち枯れしてしまいます。それが縞枯れのはじまりです。おそらく数十年に一回程度の暴風がきっかけで発生するんだと思います。八ヶ岳のほかに、日光や大峰山《おおみねさん》などの縞枯れが生じているところを見てきましたが、どこも岩塊斜面だという共通性があります。ただ、コメツガだけはもともと岩場の植物なので、頑丈で根切れを免れているようで、例外的に大木になっています。

次は、風食の役割についてちょっとだけふれます。写真22は飯豊山地の北

写真21　縞枯山の縞枯れ現象

保岳の稜線ですが、風が強いので風食が起こり、稜線部に穴が開きます（写真23）。穴が開くと、そこに礫が出てきて移動し、次第に安定してきます。するとそこに高山植物がとび降りてきて、生育をはじめます。その後、植物の種類がどんどん増えて、次第に遷移がすすみます。ところが、極相の群落になるとイネ科の草本《そうほん》ばかりで、植物の種類はがくんと減るんです。いってみれば、「植被が破壊されることで、高山植物の種類が豊かになる」という話です。ある意味で逆説的な話ですが、この論文は載せてくれる雑誌がなくて困りました。生態学会誌には、「これは、おまえさんの勝手な思いこみにすぎない」と拒否されますし、地理のほうに出そうとしたら、「ここはほんとうに風で削られたのか？」とか「風食で一年間にどれだけ削られるのか？」といったよけいな質問が出てきました。注文にとても応じきれませんので、やめました。

結局、理解してくれる人がいて「もったいないから、わたしのところの雑誌に出したら」といわれて、『長野県植物研究会誌』に載せてもらい、なんとか日の目を見ることができました。へたすると、おじゃんになった可能性がある。いろんな分野にまたがる研究は、出しづらいところがあります。

赤坂　そうですねえ。

小泉　「ここもくわしくやれ」「あれもやれ」といわれるので、要求をぜんぶ聞いていたら一〇年ぐらいすぐたちそうです。新しい事実には、もっと寛容さが必要だと思います。

写真22　飯豊山・北保岳

写真23　北保岳鞍部の風食

その後、奥羽山脈の真昼《まひる》山地で、地すべりが原因となって生じたおもしろい植物群落を見つけたので、それを報告したのですが、これも誤解されて拒否されました。世界遺産の白神山地もそうですが、山のいたるところで地すべりが起こっています。そこで、地すべりが原因で特殊な植物群落ができるという話を、具体的な事例をあげて投稿したのですが、「あなたの論文にはオリジナリティがありませんので、お返しします」というコメントが返ってきた。日本海側に地すべりが多いことと、地すべりが特有の植物群落をつくりだす話は別なのですが、この学会（森林立地学会）の編集委員長もレフェリーも、ちがいがわからなかった。「あなたのいっていることは、すでにみんなが知っていることです」なんていってくるので、あきれました（笑）。

赤坂　ふうん。

小泉　「ちがう話なんですけど」といったが、さっぱりわかってくれない。最終的には学会の幹事長に手紙を書いて事情を説明しましたところ、「ご迷惑をおかけした。もうしわけない」と謝ってきました。

植生は異なる時期と大小の噴火を反映している

小泉　さて、これが最後です。いまやっている火山活動と植生の関わりの研究です。これもだれもやっていない分野で、非常におもしろい。じつは、生態学者で火山植生を調査している人はたくさんいます。たとえば桜島や、北海道の駒ケ岳、有珠山《うすざん》、東北の蔵王《ざおう》山《ざん》、安達太良山《あだたらやま》、磐梯山《ばんだいさん》、日光白根山《しらねさん》、それに伊豆大島、三宅島などはここ一〇〇年以内に噴火しています。そこで、「噴火して何十年たったら、植物群落はこうなりました」というレポートが非常に多い。ほとんどがそういうものだと思います。ところが、実際に御嶽山《おんたけさん》のような火山に行くと、植生はさまざまな遷移の段階にある群落が、モザイク状に分布しています。これは、いろいろな時期の大小の噴火を反映したものなんです。しかし、噴火の年代はすぐにはわかりませんので、だれも調べようとしない。だからどこの火山でも、こういう群落があるという記載はされていても、それがなぜ成立したのかは書いてない。本格的な「火山植生誌」は、まだひとつもない状態なんです。ここは何百年前の噴火のあとで、だからこんな植物群落ができたというようなことを、それぞれの場所について調べ、それをまとめれば、すばらしい植生誌ができると思います。

いくつか事例をあげましょう。白山《はくさん》の山頂部のケースです（写真24）。肩の部分がほとんど植被を欠いていますが、その理由について生態学者が論文を書いていて、「ここは、日本海に面して風が非常に強いからだ」と説明しています。でも、実際はそうではなくて、四〇〇年から五〇〇年ほど前に山の裏側で噴火が起こり、そこから出た火砕流が通過して植被がなくなったんです。これは、堆積物を調べればわかります。現在は、そのあとだんだん植生が復活しつつある途中にあります。

赤坂　五〇〇年かかるわけですか。

小泉　そう、かかります。ここは環境がきびしい場所ですから。五〇〇年はけっして長くない（笑）。ここの植生をきちんと調べれば、いい卒業論文

写真24　白山の山頂部

ができると思います。白山は山岳信仰の聖地ですから、噴火の記録がたくさんのこっています。五〇〇年くらい前も、坊さんが修行していて、噴火がはじまったので慌てて逃げ降りたというような記録があります。こうした噴火史の記録を用いれば、現在の植生分布と結びつけて説明ができる。でも、だれもそういうことをやらないので、わたしがいま、勝手にやっていますが……。

磐梯山は、一八八八年に大きく崩れ、その跡が馬蹄形の崩壊地になりました。崩れた物質は山麓に堆積して、桧原湖《ひばらこ》などの湖をつくりだしました。崩壊地の内部は、大方がアカマツ林になっていて、高さ三〇メートルに達するアカマツの大木が生えています。一方、別の場所では、高さ二〇センチくらいのシラタマノキやアカモノといった高山植物の生えている場所もあります。なぜこんな較差が生まれたのか、不思議なので、修士論文のテーマにして調べてもらいました。

大きなアカマツがある場所は、一八八八年に崩壊した岩屑が堆積したところで、アカマツの樹齢は七〇～八〇歳ぐらいに達します。ところが、シラタマノキの生えているところは、岩が黄土色で乾燥している。いま、そこに高さ五メートルくらいのアカマツが育ちはじめています。

院生があらためて調べなおしたら、崩壊地の内部では一九五四年にも中程度の崩壊があったことがわかりました。さっきの黄土色の岩屑が、そのとき崩れたものです。岩塊を混じえた黄土色の火山砕屑物《かざんさいせつぶつ》で、乾燥しているため、最初にシラタマノキやサラサドウダンとかが生えてくる。そして三〇年くらい前からアカマツがようやく生育しはじめました。

シラタマノキ（白玉の木）
ツツジ科の常緑小低木。同属のアカモノの果実が赤いのにたいして、こちらは白い果実をつけることから、別名シロモノと呼ばれることもある。中部以北の亜高山帯以上の草地など、比較的乾燥した場所に生える。高さは三〇センチ程度。

そんな具合で、火山は、あらためて見直してみると、いろいろなことが起こっていることがわかります。調べなおしたいのですが、時間がたりなくて困っています。

富士山もそうです。これ（写真25）は宝永の噴火口です。噴火後、三〇〇年あまりたつのですが、植被の回復は遅れ、ほとんどがオンタデとイタドリが点在する斜面になっています。ところが、第一火口の一角にだけ、イワオウギやミネヤナギ、コタヌキランなどが密生している場所があります（写真26）。

不思議に思って調べたら、この部分は、宝永噴火の際に落下したスコリアが高温のため溶結し、そのままの形でのこったところだということがわかりました。安定しているため遷移がすすみ、低木群落まで発達したということです。土壌も、厚い黒土ができています。一方、第一火口の側面や第二火口の内部のように、上部から岩屑が落下してくるところは、表層物質が不安定なため、オンタデやイタドリしか生育できないまま群落が持続しています。第二、第三火口や第一火口の西側斜面がこれにあたります。また、第一火口の正面は、落下してくる雪崩の影響をうけて、ほとんど無植生のままのこっています。三〇〇年たっているのですから、植被はもっと回復してもいいのですが、あまりにも不安定なため、オンタデやイタドリの群落はまだ当分継続しそうです。

富士山の山頂をはさんで反対側、つまり北西斜面の御庭《おにわ》・奥庭《おくにわ》付近も、

写真25　富士山・宝永火口

写真26　宝永火口内の、植被の密生した場所（白く写っている部分）

別の大学院生と調べ、そこでもいろいろなことがわかってきました。この一帯では、変形したカラマツの低木林（写真27）やコメツガ林などいろいろな森林があり、それぞれが過去の火山の噴火の時代のちがいを反映した森林だということがわかってきたのです。

まず、奥庭のバス停付近からちょっとあがったあたりまで、偏形樹をふくむコメツガの林が優占しています。これは、一一〇〇年くらい前に噴火した場所のようです。最初は変形したカラマツの低木林だったはずですが、その後、変形したコメツガの森林に変わり、さらにふつうのコメツガ林に変わった。いまはその段階のようです。

一方、それより上に登ると景色が急に開け、カラマツの極端に変形した低木ばかりになります、ここは六一〇年ほど前の噴火でスコリアがまき散らされたところで、まだ何も生えていない場所もあります。また、お中道《ちゅうどう》を大沢崩れのほうに向かうと、急にシラビソが中心となった密な森林に変化します。これは二二〇〇年前の噴火で溶岩が流れたりしてできた斜面に成立した森林で、もっとも遷移がすすんでいると考えることができます。

このように噴火の年代を考えながら森を見ると、いろいろわかってきておもしろいと思います。

写真27　カラマツの偏形樹

スコリア
黒または赤い色をした玄武岩質の軽石。

偏形樹
強風の影響をうけて枝がまがったりとられたりして変形した樹木のこと。

学校で、もっと自然史教育を――ジオパークへの期待

赤坂 きょう、小泉さんのお話をうかがって、学校教育のなかでの自然史がほんとに弱いと思いました。

小泉 ほんとに抜けていますね。

赤坂 すこしでもそういう訓練をされていると、風景の見えかたが変わる。

小泉 おっしゃるとおりです。

赤坂 同じように、自然保護もその地質の状況によってたぶん、守りかた・保全の仕方、関わりかたも変わってくるんだろうと思いますね。

小泉 はい。

赤坂 最後のテーマに、ジオパークの話をうかがいたいのですが。

たしかに、これだけ自然・生態環境が多様で、山といってもすごく多彩な美しさがある。その背景が、地上一万メートルのジェット気流の問題から、海流のつくりだす雪の問題とか、氷河時代とか、あるいは火山があるとか、きわめて多様な条件のなかで日本の自然環境がつくられていることを、あくまでフィールドの知に根ざしながら教えていただきました。だからこそ、ジオパークが日本では非常に可能性が高いわけですね。

小泉 そうですね。

赤坂 そのジオパークがひろがるためには、自然史の教育がもっと普及していかないと、支えられないですね。

小泉 そうです。いまは、地球温暖化とかCO^{2}の問題とかが環境教育の中心ですが、わ

たしは、これはやりすぎだと思っています。度がすぎていて、そのために子どもが委縮してしまっています。逆に、国立公園のこととか、すばらしい景観があるとかは、学校では教えていません。たとえば大学でジオパークのことを紹介しましたところ、「こんなすごいところが日本にあったんですか」って、学生がいうんです。「こういう話を聞いたことがないの?」と聞くと、ないというんです。彼らが聞いてきたのは、アマゾンの自然破壊とか、地球温暖化で病気が増えるとか、そういう話ばっかりですよ。温暖化で北極の氷が解けたとか。ぼくは、はやくやめてくれないかと思っている。そろそろ温暖化はおしまいになると思いますから。去年、今年、冬寒いですからね。

赤坂　うん(笑)。

小泉　気象庁のデータでも、地球全体をみると二一世紀に入ってからは、気温は高どまりしていて、実際は上昇していないんです。そろそろ太陽の活動が衰えはじめていますから。でも、地球温暖化の教育は、もう二〇年もやり続けているんです。

赤坂　あれは、原発がらみの陰謀ですかね。

小泉　そうだと思います。原発推進には、「CO_2を出さない原発」という話がすごく効果がありましたからね。ただ、福島の事故で原発が危険だということはもうばれちゃったので、文部科学省にははやく方針を変えてもらいたいと思います。学校の先生までみんな洗脳されてしまっていますから。

地球温暖化はもうおしまいだということは、まだほとんどの人が知らない。教育の効果は大きいです。ずーっと「地球は病気だ。CO_2を削減しよう」ばっかりできたわけですが、はやくやめてほしいです。

地球温暖化はもうおしまいだ
日本では丸山茂徳、渡辺正、武田邦彦などが唱えている説で、気候変化の原因はCO_2よりも太陽黒点の数に原因があるとする。小氷期のころは太陽黒点はごくすくなかったが、その後増加した。今後は減少が予想されるので、温暖化は現在がピークだと考える。

赤坂 うん。

小泉 じつは、わたしのゼミの学生がドイツに留学したので、「ドイツの地理教育で地球温暖化についてどんな教育をしているのか、見てきてくれ」ってたのみました。彼女は、ドイツ南部のバイエルン州のギムナジウムについて調べて報告してくれました。それによれば、小中学校の段階では、地球温暖化なんてぜんぜん出てこないんです。それこそ、アルプスの氷河はこうひろがったとか、アルプスをつくる岩はどうだとか、植物はどうだとか、郷土の自然のことを、小学校五年生ぐらいの地理でたくさん教えています。岩の名前とか、こんなのまで教えていいのかと思うようなものもありますが、氷河時代のことや地形の話まで、必要なことはひととおり教えます。中学校の段階ではヨーロッパや世界の地誌の話が中心ですが、植生とか気候とかも出てくる。そして、高校のいちばん上ぐらいの学年でようやく、地球温暖化や酸性雨の話が出てくる。でも、ほんのわずかですよ。ようするに、日本で騒いでいるような話はほとんどやっていない。

赤坂 ここでも「日本の常識って世界の非常識」なんですね。

小泉 ええ。ロンボルグという環境学者が示した資料を見ると、地球温暖化のことを聞いたことがある人のなかで「とても心配」「ある程度心配」と答えた人の割合は、日本が九二％と突出して高く、次いでスペイン七八％、フランス七一％、イギリス六六％、ドイツ六一％と、ヨーロッパ諸国が六〇％を超える。しかし、アメリカや中国、インドは五〇％を下回り、インドネシアは二六％とごくすくない。パキスタンにいたっては六％と、ほとんど心配していない。

また、イギリスのＢＢＣが「現代世界の最大問題はなにか」というアンケートをとったら、日本だけ「地球環境問題」がトップでした。世界じゅうでいちばん多かったのは「貧困」です。地球環境問題は、順位がかなり下がります。ようするに、日本では地球環境問題で大さわぎをしてきましたが、世界的にはたいした問題ではないと思っている国が多いから、何もしていないんですよ。日本は、何かがあると、みんなワーッと行っちゃうでしょ。メダカみたいに、みな同じことをする。その一環といえると思いますが、ここ二〇年間の環境教育はあきらかにいきすぎでした。今後は、野外の自然にベースを置いて、地道にやってもらうことが必要だと思います。

赤坂　ようするに、地球温暖化は、本でいったら最後の一ページの一行ですか。

小泉　もっともっとあとです。

赤坂　一行のさらにうしろの、シミみたいな……。

小泉　そうそう。

赤坂　ひとつのスケールで世界を裁いているような。

小泉　そうです。自然の歴史を見ると、一二世紀ごろ、中世温暖期という非常に暖かい時代がありました。いまより暖かいですよ。そんなときに、バイキングがアメリカに行った。そういうことを授業でやらないでしょう?

赤坂　ええ。

小泉　歴史学者は環境がどうのこうのなんてだいきらいだから、やらない。わたしはいま、そういう意味でジオパークに期待しています。今後、「ジオパークをちゃんとやろう」という話になってくれば、やっぱり自然史が自然教育のベースになってくる。それから、さっきの話じゃないですけど、「地球環境が悪化!」って大さわぎすることもない、過去にもっと暖かい時代が何回もあった。それを知っていれば、あんなにさわぐことはぜんぜんないんです（笑）。日本の学校教育に自然史が抜けているのは、非常にまずいと思います。

赤坂　ぼくは福島県立博物館の館長をしていますが、じつはその福島県には自然史系の博物館がないんです。

小泉　そうですか。残念ですね。

赤坂　ないんです。福島県博は総合博物館なので、展示のなかに地質とか岩石はふくまれますが、残念ながら本格的なものではありません。幸い、うちには地質が専門の優秀な学芸員がいまして、その竹谷陽二郎さんが中心になって、磐梯山をジオパークにしようと動きはじめています。

小泉　そうですか。

赤坂　日本ジオパークには登録されました。

小泉　はい、二〇一一年でしたね。

赤坂　ぜひ福島にきて、磐梯山の自然の話をしていただければと思います。

小泉　わかりました（笑）。

Ⅱ部

中国、天山山脈ウルプト氷河での氷河地形調査　――岩田修二

津波堆積物を、歩いて、観て、考える　――平川一臣

中国、天山山脈ウルプト氷河での氷河地形調査

――岩田修二

I　一九八三年の調査

1　はじまりは電話

一九八三年五月。連休の谷間の勤務日の静かな朝、研究室の電話が鳴った。当時、わたしは東京都立大学地理学教室で助手をつとめており、机の上にたまった書類の山を整理しているところだった。受話器の向こうから、名古屋大学の樋口敬二教授の大きな声が聞こえた。

「六月から、中国と共同で天山《ティエンシャン》山脈で氷河の調査をすることになった。きみ、行けるかね?」

突然の、降ってわいたような話だ。憧れの中国の氷河で調査ができる。即座に、「よろこんで行きます!」と返事をした。

樋口教授の研究室を中心にした氷河研究グループは、一九七〇年代からネパール＝ヒマラヤで氷河調査を続けており、わたしもそれに参加してヒマラヤでの調査をおこなった経

験があった。

ネパールはヒマラヤ山脈の南面に位置している。だから、調査はヒマラヤ南面に限られていた。しかし、ヒマラヤ山脈の北面やその北側のチベット高原にも、そしてさらにその北の天山山脈にも、多くの氷河や氷河地形が存在している。われわれはずっと、それらの地域で調査することを夢見ていた。

そのためには、中国との共同研究をおこなうしかない。中国は当時、独自にチョモランマ（エベレスト）や天山山脈で氷河や地形の調査を実施していた。

一九七〇年代末にはじまった中国の開放政策の結果、氷河・氷河地形研究でも外国との共同研究の途が開けた。中国科学院蘭州《ランチョウ》氷河凍土研究所の施雅風《スーヤーフェン》所長が日本にこられたのは一九七九年。われわれのネパール＝ヒマラヤでの調査経験に関心があるとのことだった。

日中協力は、一九八〇年秋に樋口教授が、蘭州の研究所と天山山脈の氷河観測基地（天山站《たん》）を訪問したことからはじまった。一九八一年には、天山山脈東部のボゴダ峰（五四四五メートル）で共同の氷河調査がおこなわれた。そして、調査第二弾として、一九八三年六月から八月にかけて、天山山脈東部のウルムチ河源流域で調査をおこなうことになった。

樋口教授からの電話は、この調査に参加しないかというものだった。資金は樋口先生が獲得した日本学術振興会の研究補助金でまかなうことになり、名古屋大学樋口研究室の助手である大畑哲夫くんとふたりで行くことになった。大畑くんも、ネパール＝ヒマラヤでの調査を経験している。

2　天山山脈と天山站

天山山脈は、中国西部に位置するタリム盆地の北側からキルギスとタジキスタンにかけて、約三〇〇〇キロにわたってほぼ東西に走る大山脈である。山麓に住むウイグル人たちは、「テングリ＝ターグ（精霊の山）」と呼ぶ。

この山脈は、ユーラシア大陸中央部の、世界でもっとも海洋から離れた位置にある。山脈はサバク（砂漠）でとりかこまれ、山脈から流れ出たすべての河川水は、出口のない内陸湖で蒸発するか、サバクの砂に吸いこまれてしまう。最高峰は、中国とキルギスの国境にあるポベーダ峰（中国名トムール、七四三九メートル）である。

今回、調査のために行くことになった場所は、天山山脈の東部、新疆《シンチアン》ウイグル自治区の区都ウルムチ市の南南東約一五〇キロにあるウルムチ河源流域である。大都市ウルムチから車で三時間ほどで達することができる。そこには四〇〇〇メートル級の岩山が連なり、高度三五〇〇メートル以上には、カール氷河などの山腹氷河や小規模な谷氷河が数多く存在する（図1）。

ここは中国の氷河研究発祥の地である。蘭州氷河凍土研究所の観測基地「天山站」があり、一九六〇年代から氷河研究がおこなわれてきた。ここは中国の氷河研究の発祥の地である。われわれの調査も、この氷河観測基地をベースにしておこなうことになった。

天山站は海抜三五四六メートルにあり、となりにある気象観測所での観測記録によると、年平均気温はマイナス四・五℃、年降水量は四六八・六ミリで、その七割程度が夏季に降る[1]。氷河・氷河地形以外にも、**岩石氷河《がんせきひょうが》**、**岩屑斜面《いわくずしゃめん》**、**構造土《こうぞうど》**など寒冷な気候に特有の地

岩石氷河
氷河に似た形の岩塊の堆積地形。内部に氷があり、氷河とおなじように斜面下方に移動する。

岩屑斜面
岩塊や岩片で一面におおわれた斜面。天山站付近では、凍結破砕作用によって形成される。

構造土
凍結融解作用によって形成される、地面の割れ目や礫ならびの模様構造。

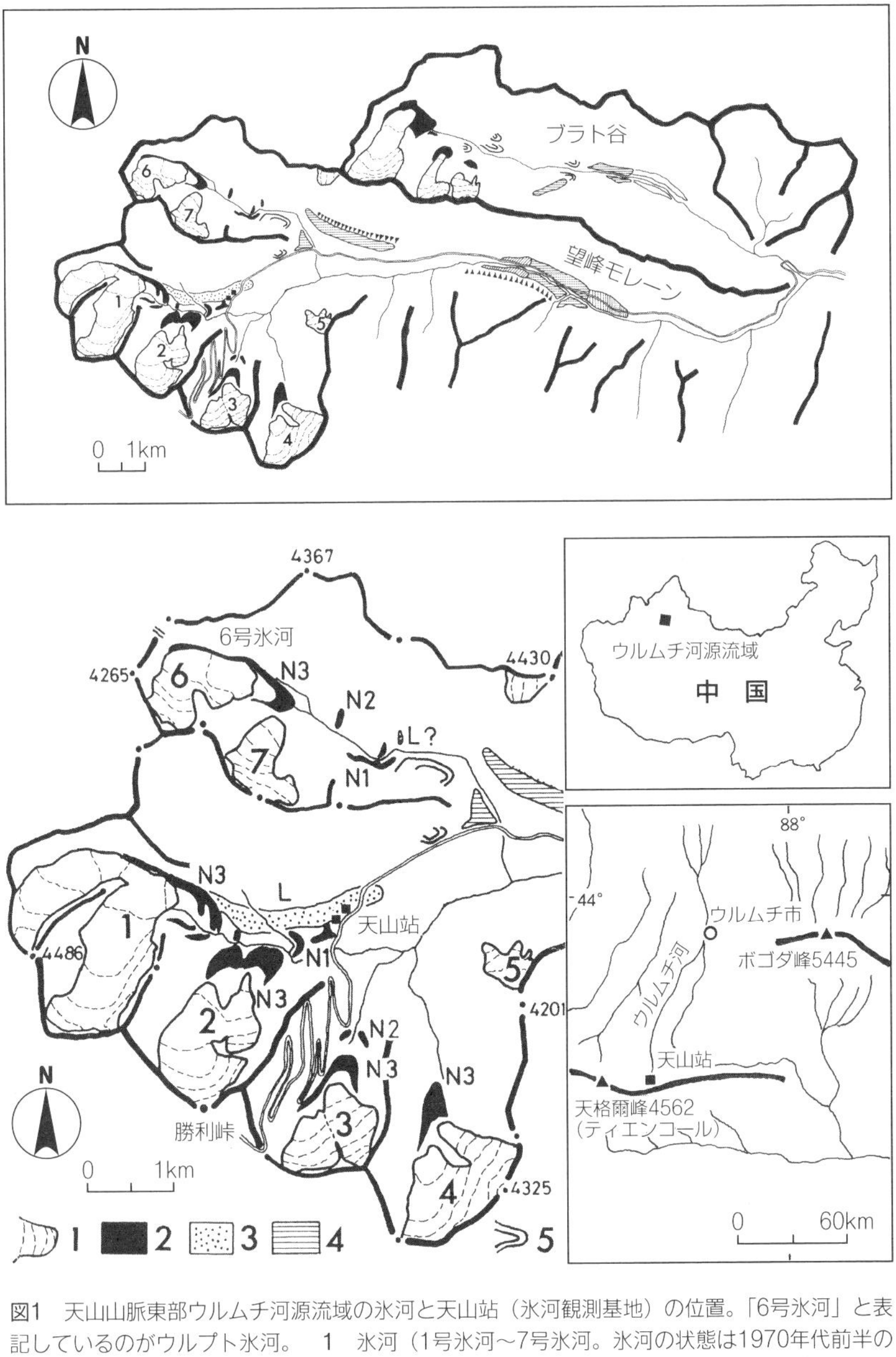

図1 天山山脈東部ウルムチ河源流域の氷河と天山站（氷河観測基地）の位置。「6号氷河」と表記しているのがウルプト氷河。 1 氷河（1号氷河〜7号氷河。氷河の状態は1970年代前半の時期）、2 最近のモレーン、 3 数千年前のモレーン、 4 最終氷期のモレーン、 5 ロシュムトネ（氷河によって丸く削られた基盤岩の丘）。

形が多く分布し、三一〇〇メートル以上には永久凍土《えいきゅうとうど》が分布する。

3　準備

出発は六月一七日、帰国は八月一五日と決まった。わたしも大畑くんもはじめての中国行きなので、興奮しながら準備をすすめた。二年前（一九八一年）にボゴダ峰で調査をおこなった先輩たちも、帰途に天山站に立ち寄って調査をしていたので、場所の状況はよくわかっている。大畑くんの専門は気象学、わたしは地形学なので、ふたりは別べつに調査をおこなうことになる。

どこで何をしらべるか

すでに中国の研究者たちによって書かれた論文が多数あり、なかでも蘭州氷河凍土研究所の雑誌「冰川凍土」の第三巻増刊号（天山氷河地形特集、一九八一年）には多数の論文が載っていたので、とても参考になった。付録に五万分の一の地形図もついていた。論文は中国語で書かれていたが、辞書と首っぴきで次つぎに読んでいった。これで、これまでの研究成果がおよそ理解できた。

わたしの研究は、氷河下流部の氷河消耗域《ひょうがしょうもういき》の形態変化や、氷河下流の氷河がつくった地形を識別して、過去の氷河の拡大・縮小をあきらかにすることである。中国人研究者の長年の研究によって、主要な氷河やウルムチ河の本流部分ではすでにほとんどのことが解明されていたが、本流の北側にある大きな支流のブラト谷と天山站の北西側にある六号氷

永久凍土
数年以上にわたって0℃以下になっている（凍結している）地面（地下表層部）。

氷河消耗域
氷河下流の、氷河が小さくなっていく部分。夏には氷が露出する。岩屑におおわれた部分もある。

河では、くわしい研究がまだおこなわれていないようであった。

そこで今回の調査では、わたしは、①ブラト谷のくわしい地形学図をつくって過去の氷河変動をあきらかにする、②六号氷河の末端とその下流部の測量をして地形図をつくる、のふたつをおもな目的にすることにした。地形図をつくることは、氷河や地形を理解するために最初にすべきことである。六号氷河は小型の氷河なので、短期間でもくわしい（大縮尺の）地形図をつくることが可能であろう。こまかな日程は現地で中国側と相談することにして、調査期間の最初と最後に六号氷河で測量をおこない、ブラト谷での調査はその中間におこなうことにした。六号氷河では氷河流動観測もおこなうので、その観測間隔をなるべく長くとりたいからである。

調査器具と装備

調査の内容が決まると、そのための調査器具を準備することになる。

一般的な地形・地質調査器具のほかに測量器具が必要である。平板測量《へいばんそくりょう》器具一式を用意した。平板測量では、距離と高さを測定するためにはアリダード（のぞき穴つきの定規）を用いるが、最近開発された光波アリダード（光によって距離を測る機能がついた望遠鏡つき）をもっていくことにした。氷河の流動を測定するポールを氷に立てるためのアイスドリルも必要になる。氷河の上を歩くためのピッケル、アイゼン（滑りどめの爪）も用意した。ブラト谷も六号氷河も天山站からは遠いので日帰り調査はできない。調査のためにはキャンプをする必要があるので、テントや炊事用具も用意した。

用意した機材や携行品のリストを79～80ページの表1に示す。冬山の環境に耐えられる

平板測量
三脚に平らな板と図紙をセットし、現地で測定しながら地図を描く測量法。基準点の上にセットした平板の上にアリダードをのせ、測点をねらって方向線を引き、図的に三角測定をおこなう。

ように羽毛の厚い寝袋、羽毛ジャケットなども用意したから荷物は多くなった。気象観測装置を大量にもちこむ大畑くんが、名古屋大学からあらかじめアナカンとして別送するので、いくつかの品はそれで送ってもらうことにした。アナカンの総重量は、ちょっとした小登山隊並みの三一五キロとなり、六月一〇日に名古屋から送り出した。

アナカン
航空別送荷物。航空機の旅客が旅行用品や身のまわり品を別送することができる。

4　北京を経て天山站まで

六月一七日の朝に成田空港で大畑くんと会い、九時発のJAL機で北京空港に着いた。ふたりが大荷物（大畑くんは七〇キロ超、わたしは五八キロ）を抱えて税関の荷物検査場にいると、中国科学院外事部の張松林《チャンソンリン》さんが入ってこられ、通関はすんなり終わった。そして、迎えの乗用車で北京市郊外の友誼賓館《ユーイビングアン》（中国科学院の招待所＝ホテル）に案内された。張さんの親切な対応は、われわれが中国科学院の招待客だからだ。一九八三年当時の中国では、自由な個人旅行は非常にすくなく、政府機関からの招待か、国営中国旅行社の団体旅行がふつうであった。つまり、旅行は政府機関に管理されていたのである。

大畑くんは翌朝、ウルムチに直行したが、わたしは北京観光の後、六月二〇日に北京から双発の小型機（イリューシン14）で黄河沿いのサバクを、包頭《パオトウ》、銀川《インチョワン》を経由して飛び、午後遅く、蘭州で氷河凍土研究所の秦大河《チンダーへ》さんに迎えられた。六月二一日から三〇日までは氷河凍土研究所と蘭州大学で中国各地の研究者が集まった氷河地形の研究会に参加し、ネパールと日本の氷河地形について英語で講演した。

七月一日に蘭州からウルムチに飛び、夕方、車で天山站着。一〇日ぶりに大畑くんと再

表1　1983年天山山脈調査用　調査用具・装備リスト（1）

品目	規格	数量	備考
調査用具			
平板測量器具一式	平板・三脚・光波アリダード	1式	充電器・図紙（アルミ挟み紙）・マイラー
測量用雑品	標識プレート・関数電卓・測量釘	1式	三角スケール・テープ各種・測量針などをふくむ
測量用赤白ポール*		4	
アイスドリル*	手廻し式	1	名古屋大学備品
地質ハンマー	＋たがね	1	測量基準点のマーキングにも役立つ
1眼レフカメラ一式	NikonＥＭ＋交換レンズ	1	レンズ：35・55・100 mm
予備カメラ	オリンパスRC35	1	
カメラ用三脚*		1	
35mm写真フィルム	コダクローム64×36 EX	60	（一部はネガカラー）
高度計	トーメン5000m	1	
双眼鏡	Nikonカルディナ	1	
折れ尺・巻尺	巻尺はエスロン50m	各1	
サンプル袋	布＋ポリ	多数	
ブラントンコンパス		1	
ハンドレベル		1	
野帳	大（B6）5、小（B7）1	6	B6は都立大地理特注品
ふるい・バネばかり	ポリシートをふくむ	1	粒度分析用
地形図一式	1/100万・1/5万・1/1万	各１	
天山関連論文コピー		1式	
野外作業便利帳	（自作ノート）	1	野外調査に必要な情報・数値の手引き書
筆記用具一式	鉛筆・消ゴム・ロットリング	各1	色鉛筆・方眼紙・フェルトペン・関数電卓
調査かばん	肩かけ式、帆布製	1	
幕営（キャンプ）用具			
テント	4人用エスパース	1	フライ（雨よけ）をふくむ
炊事用石油コンロ	プライマス、ケロシン用	1	点火用スイスメタをふくむ
ポリタン（灯油用）	2リットル	1	
コッヘル（携帯鍋）		1	
食器		1式	
寝袋	羽毛（1.3 kg）	1	カバーをふくむ
マットレス	ウレタンロール式	1	
個人装備			
下着上下		2式	
毛下着上下*		1式	
登山用上下（夏用）	綿スポーツシャツ、綿ズボン	1式	
登山用上下（冬用）	毛スポーツシャツ、毛ズボン	1式	
セパレート雨具上下	ゴアテックス製	1式	全天候コート（パーカ）として用いる
羽毛ジャケット		1	
薄手セーター		1	

表1　1983年天山山脈調査用　調査用具・装備リスト（2）

品目	規格	数量	備考
帽子	夏用ツバつき	1	
防寒用耳あて	毛糸	1	
スカーフ		1	
靴下（ウール）厚		4式	
手袋（ウール）		2式	
軍手		1式	
手ぬぐい（タオル）		2	
長スパッツ		1式	
トレッキング靴		1式	
登山靴	革	1式	靴油、靴紐予備
折りたたみ傘		1	
アルミ製背負子		1	測量道具運搬用
小型ザック		1	レインカバーつき
ヘッドランプ		1	予備電池＋予備小型懐中電灯
水筒	アルミ製0.75リットル	1	
スプーン・箸		各1	
ナイフ	スイスアーミー	1	
ナイロンコード	3mm×20m	1	
プラスチックケース	小間物入れ、タッパーウェア	1	裁縫具・輪ゴム・電池予備・貴重品など用
非常用セット	ビバーク用品＋非常食	1式	マッチ・メタ・赤旗・笛・極薄銀シート
薬品と救急用品	弾力包帯・ねんざテープなど	1式	消毒・風邪・下痢・鎮痛・抗生剤など
洗面具・トイレ用品	歯ブラシ・石けん・爪切り	1式	トイレットペーパー
ピッケル	シモンスーパーE	1	バンドとも
アイゼン	門田8本爪軽量型	1	固定バンドつき
カラビナ・スリング		各2	
サングラス	眼鏡ひっかけ式、偏光	2	
眼鏡予備		1	ケースとも
個人装備収納袋	ナイロン布製	1	テント内での私物整理用
文房具	のり・カッターナイフなど	1式	領収書・会計簿・住所録・封筒・便箋など
本	辞書（英・中）、読書用	○	ラティモア『トルキスタンの再会』
パスポート・航空券		○	
現金・旅行小切手		○	
旅行用トランク	アルミ製	1	キャンプでは机になる
腕時計	エクスプローラーII	1	
その他			
みやげ	中国側、現地の人びと用	○	名古屋大学で用意
謹呈用論文抜き刷り	中国研究者用	○	

品目の末尾の*はアナカン（航空別送荷物）で送ったもの。数量欄の○は数量適宜の意味。出国・帰国時の服装品は省いた。

会した。

天山站は、ウルムチと、山脈南側のタリム盆地のコルラを結ぶ軍用道路の途中、氷河が侵食した広い谷（U字谷）のなかにある（75ページ図1）。まわりには四〇〇〇メートルを超える岩山がそびえ、氷河があちこちにかかっている。レンガづくりの炊事小屋兼食堂、鉄パイプフレームに断熱剤入りのシートをかぶせた大型のテント群（寝室）からなり、トイレは野外、コの字型にレンガ塀でかこっただけのものである（写真1）。となりには気象観測所がある。ここをベースにして、これから四〇日、氷河や地形の調査をおこなうのである。

写真1　天山站（蘭州氷河凍土研究所の観測基地）。右端のレンガの小屋が炊事場、その左は気象観測所、道路をはさんでテント群、そのあいだのレンガのかこいがトイレ、奥の建物は道班（道路管理）の小屋。左奥は雪をかぶった3号氷河。その右側は岩屑斜面（1983年7月2日朝撮影）。

写真2　天山山脈で使った著者の野帳。大きさはB6判で、方眼。右下はB7判で防水（常時胸のポケットに入れて携行する）。野帳には通常は鉛筆で記入し、夜、ペンでなぞる（墨入れ）。

七月二日から八日までの期間は、天山站に滞在して、高度順化をかねて日帰りで氷河や氷河地形を見てまわった。

天山站のまわりには七個の小型の氷河があり、一号氷河〜七号氷河と呼ばれている（75ページ図1）。一号氷河がもっとも大きく、古くから継続して調査がおこなわれてきた。氷河の底近くにはトンネルが掘られ、氷河の底のすべりも観測されている。そして、天山站の所長張祥松《チャンシャンソン》副教授などとの相談の結果、予定どおりブラト谷の地形調査の前と後に、六号氷河の測量・調査をおこなうことにした。

以後のこの報告では、六号氷河での調査にしぼって話をすすめる。野外調査のありのままのようすを理解していただくために、わたしの野帳（前ページ写真2）をそのまま書き写した部分も多い。そのため、現在形や体言どめ、舌足らずの記述が多くなった。

5　ウルプト氷河（六号氷河）の調査

モレーン内部の透明氷

七月三日には、張祥松所長が学生指導のついでに六号氷河を案内してくれた。六号氷河は、じつは「ウルプト氷河」と呼ばれていることが、二〇〇三年の調査のときに共同研究者のカザフ人カダル＝ケズルくんの聞きとりによってあきらかになった。「ウルプト」という名は奥の峠の名前に由来する。漢字表記では「吾魯特《ウルテ》」である。ここからは、六号氷河とは呼ばずにウルプト氷河と呼ぶことにしよう。

ウルプト氷河の谷をつめると、谷の真ん中をふさぐ高さ三〇メートル以上もある小山が城壁のようにそびえている。これが末端モレーンの前面である（写真3）。傾斜のゆるやかな右岸側（上流から見て右側）の隅からモレーンの上にあがると、五〇〇メートルほど奥に白いきれいな氷河末端（氷舌）が見えた。

しかし、張所長は氷河のほうには行かずに、足下の大きな窪みを指さした。

「このなかに降りよう。おもしろいものが見える」

崩れやすい斜面を降りると、深さ二〇メートルほどのすり鉢の南側奥（北向きの壁）が洞穴になっており、その奥の壁は一面の透明氷であった（図2）。透明氷の壁は一五メー

モレーン
氷河が運んできた岩屑や土砂が積み重なった地形。

写真3　ウルプト氷河の下流にある末端モレーンの前面（中景）。前景は基盤岩の丘、遠景は氷河背後の斜面（1983年7月9日撮影）。

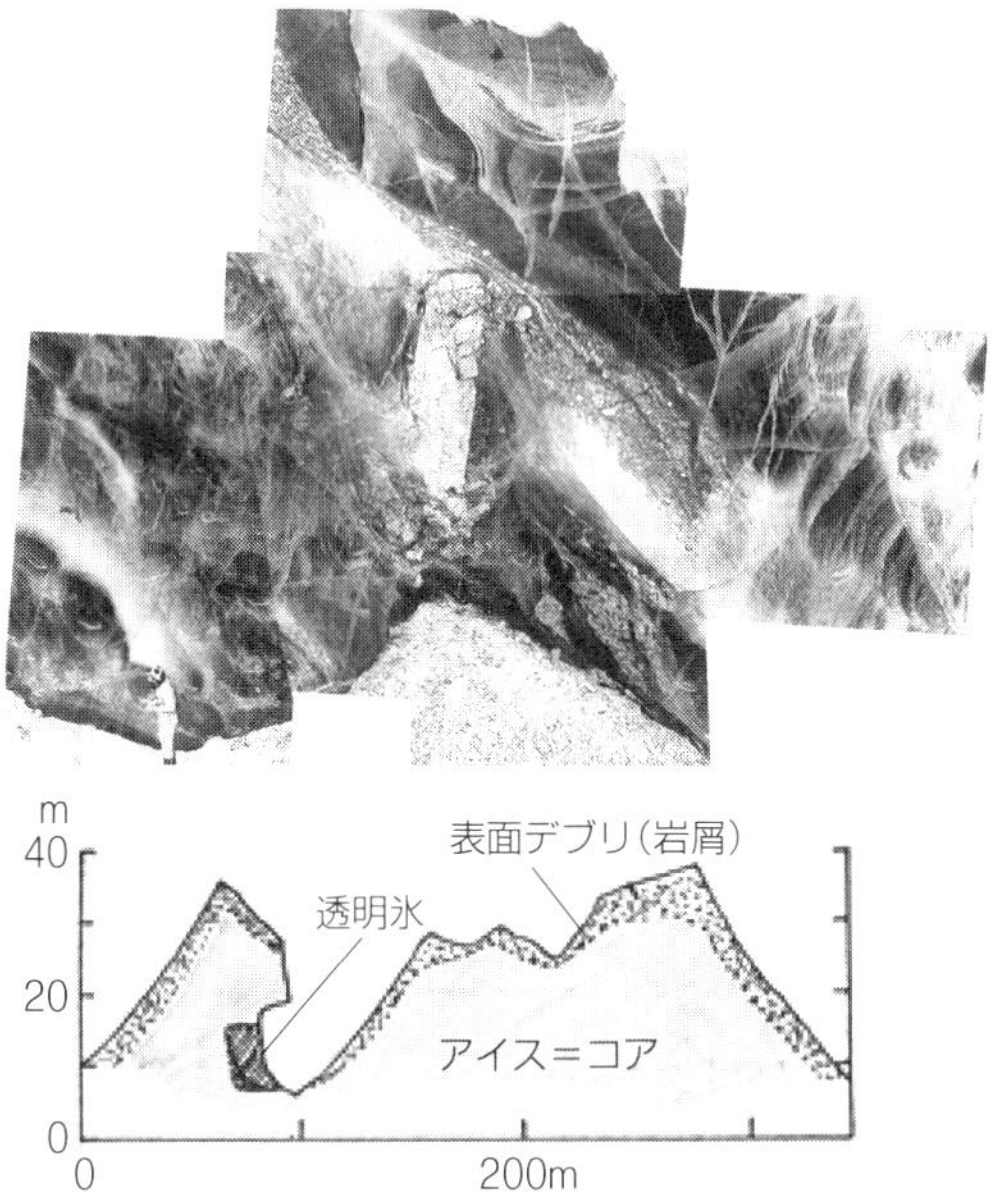

図2　ウルプト氷河の末端モレーンの洞穴にあった透明氷。流下方向にほぼ平行で左が下流。左下の人物がスケールを示す（1983年7月3日撮影）。下の挿入図は、流下方向に直交の断面を想像して描いた想像図。位置は図4（100ページ）の方形枠内。

トル以上の高さがあり、氷に入った白い割れ目が奥行きを示す。五メートルもある岩塊や褶曲《しゅうきょく》模様をみせる礫の列が、氷河底の水が凍った氷河底部氷であることを示している。しかし、こんなに大規模なものは、山岳氷河では聞いたことがない。張教授もはっきりした説明はしない。のちに日本雪氷《せっぴょう》学会で報告したが、明確な成因を指摘してくれた雪氷学者はいなかった。

夕方に天山站に帰った。とにかく、ウルプト氷河のモレーンの縁の高い部分の内部に氷があることはたしかだ。ウルプト氷河が興味深い氷河であることがわかり、調査のやりがいがあると思った。

測量キャンプの設営

七月九日の朝、いよいよウルプト氷河に出発。途中までトラックで荷物を運んでもらう。トラックの前に集められた食糧や装備を見て驚いた。大型のガソリンバーナーや瓶詰、缶詰、大量の野菜、油、醤油……。瓶ビールやワインもある。担いで運びあげるのがたいへんだ。すくなくともビールとワインはやめてもらい、わたしのプライマス（炊事用コンロ）とケロシン（灯油）も、もっていかないことにした。

一〇時三〇分、ウルプト氷河への谷の橋のところで車を降りて歩きだす。この一〇時三〇分は、北京時間《ペキンじかん》。北京とウルムチとのあいだには二時間の時差があるので、ウルムチ時間ではまだ八時三〇分である。以後、この報告ではすべてウルムチ時間を使う。時間は四桁の数字で表し、八時三〇分は０８３０と書く（軍隊式には「まるはちさんまる」などと読む）。

北京時間
広い国土にもかかわらず、北京時間が中国全土で使われている。

出発したメンバーは、わたし、陳吉陽《チェンジーヤン》くん、コックの戴利金《タイリチン》（小戴《シャオタイ》と呼ばれている）とポーター役の若者七人の、全部で一〇人。陳くんは、氷河凍土研究所に配属された大学院生。出身は蘭州大学の地理系だ。施雅風所長からは、地形学図のつくり方を教授してほしいと頼まれている。コックの小戴は天山站の作業員で、人民解放軍のコック経験があるという。ポーターの若者たちも天山站の作業員で、農村からの臨時雇いだそうだ。

左岸のはっきりした踏み跡を行く。

０８４０対岸を、ウマに乗ったカザフがひとり、われわれを追い越していった。この踏み跡は、谷の奥のウルプト峠に続いている。

ポーター役の若者たちはよく休む。知らない間に、わたしが先頭に出てしまった。壁のようにそびえるモレーンの左岸側をまわりこんで、側方モレーンの鞍部を越えると、氷河の前面（末端）に拡がる黒っぽい礫原に着いた。氷河から融水が小川となって流れている。気持ちがいいところだ。

１１３０ごろ氷河のすぐ下流の礫原の上に二張りのテントを張った（写真４）。ドーム状のエスパーステントをわたしが使い、三人用の家型ナイロンテントに陳くんと小戴が入る。昼飯は、持参のパンとパイナップルの瓶詰。ポーターたちも饅頭と瓶詰の果物を食べているが、空になった瓶を放り投げて割る。ガチャンという音が気晴らしになるのかもしれないが、せっかくの快適なテント場がだいなしになる。やめてもらう。

１２３０ごろから雪がパラパラしてきたので、テントのなかに入る。すこし頭が痛い。高山病かもしれない。高度は三七五〇メートルしかないのに。眠た

写真4　ウルプト氷河の前面の礫原に設営したキャンプで夕食の準備（1983年7月10日撮影）。

い。陳くんと小戴も昼寝をしている。彼らは、帆布のシートの上にフェルトのシートを重ね、その上に毛皮を敷き、さらに大きなエアーマットと嵩のある寝袋を載せている。これなら南極でも寒さを感じることはないだろう。1300ごろからテントに陽があたって暑い。たまにパラパラと雪が降る。

ウルプト氷河の全貌

1400前になって、ひとりで出かける。陳くんと小戴はまだ寝ているが、これからの調査計画を立てるためにも、はやく氷河の全貌が知りたい。わたしは、これまでパタゴニアのウプサラ氷河やネパールのクンブ氷河で調査をおこなってきた。どちらも大型の氷河である。小型のきれいな（氷が露出した）氷河でくわしい調査をするのは今回がはじめてである。心が躍る。

左岸側の氷河末端をわずかにおおう表面モレーンを越えて、氷河表面の新雪の上の踏み跡をたどる。舗装道路のように締まった踏み跡の上に、ヒツジの糞が散らばっている。ウルプト峠へ続く家畜の踏み跡のようだ。氷河のいちばん高いところをすぎると、逆に低くなる。不思議だ。そのままどんどん行くと、縁のモレーンの上に出た（三九三〇メートル）。それで、ウルプト氷河の奥のほうが逆傾斜しているのは、ここがまだ氷河消耗域だからだということがわかった。

そこでしばし休憩。天候が悪くなる気配がないので、踏み跡をたどって峠への道を登ることにした。

黒い千枚岩の崖錐斜面《がいすいしゃめん》をジグザグに登る。よく踏まれた、はっきりした道で、思ったよ

崖錐斜面
岩壁から落下した岩屑が堆積してできる、急で平滑な斜面。

りはかどる。宏太郎（友人の研究者）にもらったツバ広帽で耳をおおい、ゴアテックスのコートを着て、登山靴も足によくなじんでいる。ふり返って下を見ると、あとを追いかけてきた陳くんが氷河の上にいるのが見えた。

1540峠着。四〇八〇メートル。幅のある雪原で、チョルテンもオボ（どちらも峠によく見られる信仰のための石積み）もない。峠の南西側は、幅広い尾根が丸い頂上へ続いている。高さは四二五〇メートルくらい（地図では四二六五メートル）で、ラッセル（雪を踏みわけてすすむこと）さえいとわなければだれでも登ることができる。

午後の日をあびて、雪のドームが輝いている。積雲が青空のあちこちに浮かんでいる。こことおなじような高さの雪のピークがまわりをとりかこんでいる。

いま、ウルプト氷河の全貌がわかった。図3に示すように、ウルプト氷河は長さ一・五キロの小規模な谷氷河である。南西端にある氷河最高点（四三三〇メートル）から北にくだる急斜面をなす涵養域《かんよういき》は四〇〇〇メートル付近で東に向きを変え、氷が露出した消耗域となって東に流下する。現在の裸氷氷河下端高度は三七五〇メートルである。これが氷河の左岸側の本流（主要部分）である（図3のA、次ページ写真5前景の氷河）。つまり、ウ

涵養域
氷河上流部の積雪などによって氷河が大きくなる部分。年中積雪におおわれる。

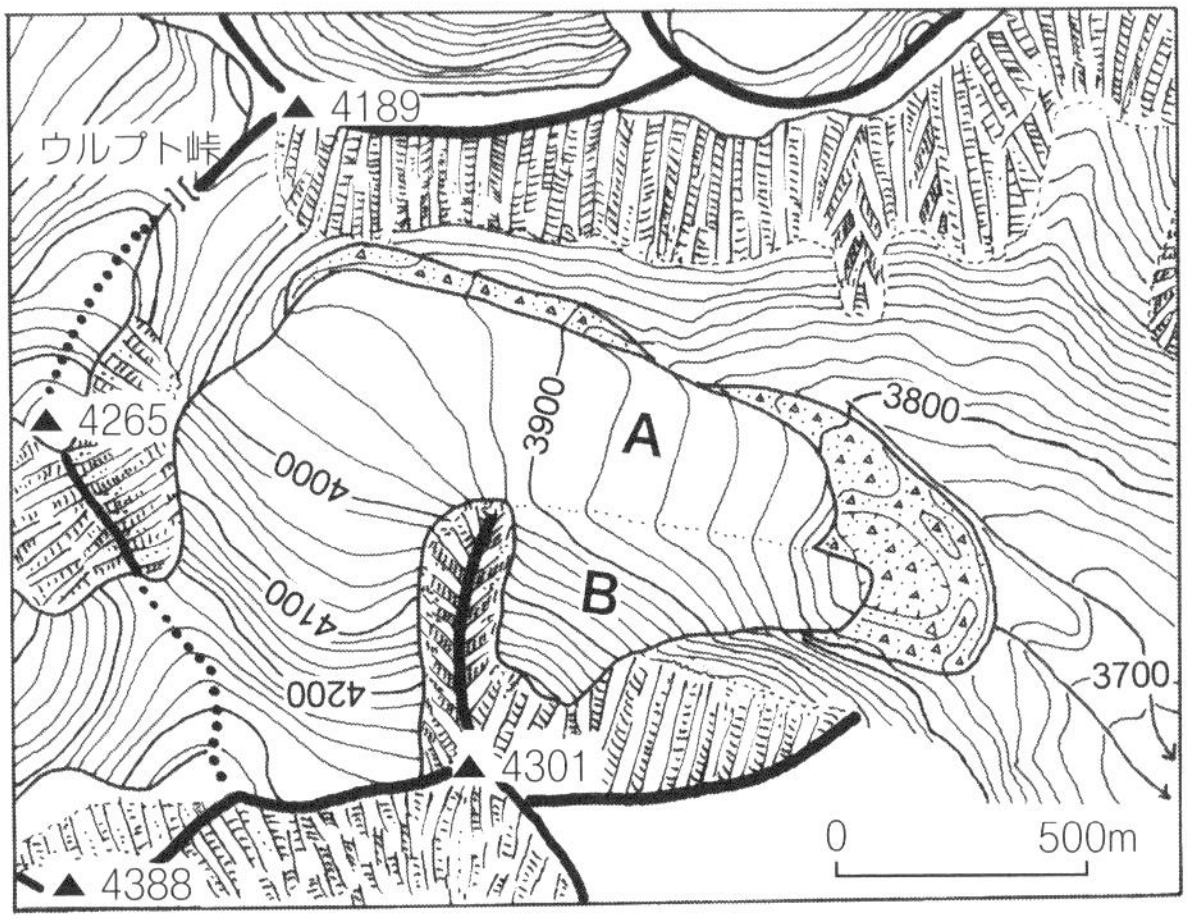

図3　ウルプト氷河（6号氷河）とその周辺部。等高線間隔20m。Aは左岸側本流の谷氷河、Bは円錐状氷河でその下端は岩屑におおわれている。氷河末端のモレーン（三角と点てん模様）が示してある。「冰川凍土」に付属の5万分の1地形図による（岩田原図）。

写真5　北側から見たウルプト氷河。手前が本流。稜線から氷河がはじまっており、末端まで白い。奥が円錐状氷河で、下部は岩屑におおわれているが、本流と合流している（2003年8月1日黒田真二郎撮影）。

写真6　下流北東側から見たウルプト氷河末端（前面）。氷河氷が露出しており、貝殻のような構造が見えるのが本流。左側の崖錐状の部分は、円錐状氷河の下端岩屑被覆部分（2003年8月3日撮影）。

写真8　氷河上でのポール位置の測量。平板の上に光波アリダードを固定して測量中。背後は円錐状氷河（1983年7月10日陳吉陽撮影）。

写真7　ウルプト峠から見た反対側の谷。画面右下流にウラターと呼ぶ放牧地がある（1983年7月9日撮影）。

ルプト氷河の東西方向の部分はほとんどが消耗域であって、氷河の北西端も消耗域なのである。その東端部分がなめらかな舌状の氷河末端になっている（写真6）。この本流部分に接して、円錐状氷河がウルプト氷河の右岸側部分を構成する（87ページ図3のB、写真5奥の氷河、写真8背後の氷河）。流域南縁の四三〇一メートル峰の北壁からのなだれが堆積して形成された。この円錐状氷河の末端は、落下した岩屑におおわれている。これらふたつの氷河の末端（前面）の下流に、馬蹄形の平面形をしたモレーンがある。氷舌前面のモレーンからモレーン中央にかけては盆地になっており、キャンプはそのなかに設営された。この盆地内に流れこんだ氷河の融解水は、盆地の東側で地下に吸いこまれ、モレーンの中を通って外に排出されている。もしこのトンネル水路がふさがれれば、盆地は氷河湖になるだろう。

中国の地形図事情

峠から反対側の谷へ、家畜の足跡が続いている。谷の下流が見えるところまでくだって写真を撮る。峠へもどると、ちょうど陳くんがあがってきた。「なぜ、黙ってきた。外国人は南斜面にきてはいけないことになっている」と怒っていう。地形図を見せて「この峠の反対側は南斜面ではない。この谷は北へ向かっているではないか」というと黙った。ウルプト峠の反対側の谷は、はじめは西向きだがすぐ北に方向を変える（写真7）。

天山山脈の南斜面には人民解放軍の要塞があるという。中ソ冷戦時代の産物である（のちにソビエト［当時］製の一〇万分の一地形図で確認した）。ソビエトが中国に侵攻してきた場合、中国軍は天山山脈の南側まで退き、そこから山脈を越えて北側のソビエト軍へゲリラ戦をしかけるという。そのための要塞である。したがって「天山山脈主稜の南側をのぞいてはいけない」と天山站の責任者からきびしく注意されていた。

そもそも陳くんは地形図をもっていない。中国の大縮尺地形図（ここでは五万分の一）は、人民解放軍が作成・管理していて軍事機密である。われわれは、調査に不可欠だからと強くいって、まわりを切り落とした（経緯度や作成履歴を消した）地図の青焼きコピー（オリジナルは五色刷り）を研究所からもらったが、地理学の大学院生である陳くんはもっていない。大学の地理の教育では大縮尺の地形図を使ったことがないようであった。したがって、地形の把握が心許ない。まえに述べた「冰川凍土」付録の地形図は、人民解放軍の五万分の一地形図を加工したものである。

氷河流動観測

七月一〇日０８００すぎ、陳くんとともに調査に出発する。きょうは氷河末端部の流動観測をする。もっともかんたんな氷河の定義が「動く氷」であることが示すように、氷河が動く（流動する）ことは、氷河の理解にとってきわめて重要なことである。したがって、氷河の流動量を測る。

午前中には、流動速度を測定するための準備作業をおこなう。

氷河の右岸をラッセルしながら登る。ところどころ、膝の上までもぐる。氷河の中央部にくると、積雪はたかだか二〇センチしかない。

左岸側の本流氷河の緩傾斜部分に、平行四辺形の四頂点に（十字架状に）四箇所（A～D）測定点を設置する。積雪を掘り、積雪断面を観察し、氷河表面から一メートルの深さまでアイスドリルで穴を開けて、長さ二メートルの赤白ポールを立てた。

設置したポールの測量は、翌七月一一日の０６４０からおこなった。測量をはじめると、いい天気になってきた。青い空と白い雲。正確な測量のためには天気のいいときが望ましい。氷河末端に近い位置なので流動量は小さいはず。光波アリダードを三脚に固定し、ポールの反射プリズムも固定してミリメートル単位で測定した。ポールA〜D測定点の各間隔の距離と、氷河の外側の基点Xからの距離を測定した（８８ページ写真８）。

再測量は、キャンプをひきはらうまえの七月二九日０７３０—１２２０におこなった。これで一八日間の氷河の流動速度があきらかになった。四測定点の流動量は、五・五〜一五・八センチであった。この氷河は末端まで流動していることがたしかめられた。

氷河地形の測量作業

今回の調査の目玉は、氷河末端とモレーン部分のくわしい地形図をつくることである。そのために平板測量をおこなうが、まず平板の図根点《ずこんてん》（平板を置く点、つまり測量基準点）を設置する必要がある。見通しがよく、目印になるようなものがある場所を選び、大きな岩にたがねとペンキでマークをつけてケルンを積む。

七月一〇日の昼食後、１４１５すぎから、モレーンの丘に測量基準点をつくりに行く。陽をあびて、陳くんとのんびりとだべりながら作業する。まるで都立大学の院生と作業をしているようだ。途中から雪が激しく降りだしたので１５３０テントにもどった。夕食後、さっそくスケッチマップ（簡易地図）を描き、きょうの調査ルート（歩いた跡）を記入した（次ページ写真９）。地形図は縮尺一〇〇〇分の一、等高線間隔五メートルにすることを決める。

翌一一日１３３０—１６３０はきのうつくった基準点を測量する。使用するのは光波測距儀つきのアリダードなので、精度よく水平距離と比高を測定することができる。反射プリズムをつけた赤白ポールを基準点に立てて測量する。ポールをもつ役の陳くんは、わたしの指示であちこち歩きまわったので疲れたようだ。いったん晴れたのに、１７３０夕食ごろからまた雪が激しく降りはじめた。夕食後、測量結果を点検する。

七月一二日朝からモレーンの上での平板測量作業（地形測量）をはじめる。まず、きのう平板用の図紙上にプロットした図根点のひとつの位置に平板をセットする。ポールをもった陳くんに測る場所に立ってもらい、その点の方向線を記入し、距離と比高を測定して記入する。そして、まわりの地形を見ながら地形線を記入し、等高線を引く。ひとつの図根点からの測定点は一〇か所以上になる。

ひとつの図根点が終わると次の図根点に平板を移し、おなじ作業をくり返す。平板測量は能率が悪いようにみえるが、測量しながら地形を観察し、図紙の上に記入できるので、効果的な方法である。定量的な地形スケッチをするともいえよう。図を描くにつれてしだいに地形が把握できていくのはうれしい。

地形線《ちけいせん》 稜線・谷線・傾斜変換線などを示す線。

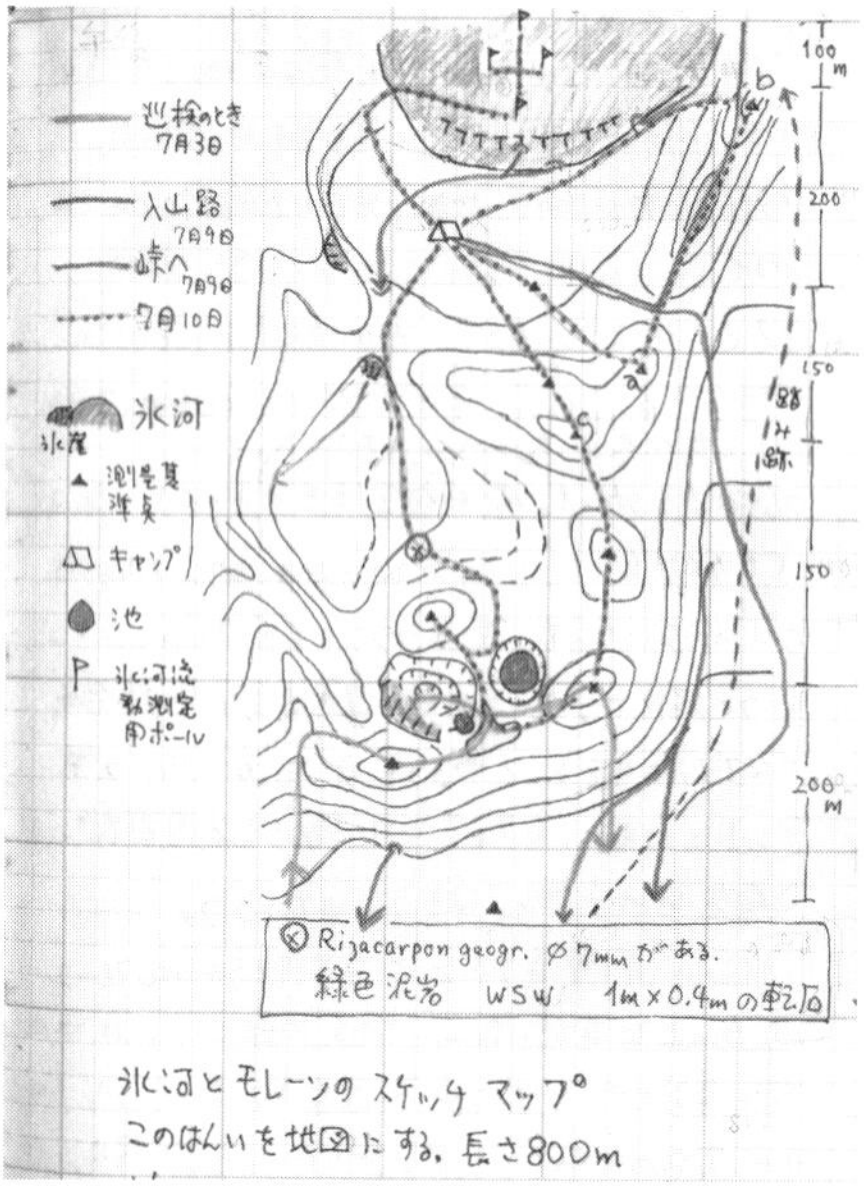

写真9 1983年7月10日測量基点設置後につくった測量範囲のスケッチマップ（見取り図）。野帳の図。

しかし、風が冷たいときに一か所にじっとしてアリダードを操作するのはつらい。一方、ポールをもって歩きまわる陳くんは疲れる。1030ごろから暖かい東向きの斜面に寝そべって休憩。体が温かくなったところで再開。昼食をはさんで午後も測量を続ける。午後は風もおさまって快晴になった。すばらしい天気。これこそが中央アジアのほんとうの青空だ。1820まで測量を続けた。

測点からの地形のスケッチも欠かせない。夕食後、テントで測量結果を整理する。モレーンリッジの輪郭をほぼ図示することができた。モレーンはモコモコした丘の集合体で、複雑な形態をしている。右岸側は、岩屑が粗粒で起伏が大きく、左岸側は、岩屑が細粒でなだらかである（写真10）。

七月一三日。いったん測量を中断して天山站に帰る日だ。0730からきのうの続きの測量を1045までおこなった後、テントを撤収して天山站に帰った。

翌日は一日中、天山站の大型テントのなかで測量結果を整理した。

七月一五日～二一日にはブラト谷を調査し、七月二三日～二六日には一号氷河や三号氷河、望峰モレーンを、天山站から日帰りで調査した。

七月二七日1100にまたウルプト氷河末端のキャンプ地にもどってきた。ポーターの到着を待ち、テントを設営した後、1310～1510に末端モレーン前面の測量をおこなった。

写真10　氷河上からモレーンを見下ろした。細粒でなだらかな左岸側と粗粒で起伏に富む右岸側が区別できる（1983年7月27日撮影）。

翌二八日、測量中にテント地の北側のガラ場を歩いていた陳くんがすべってポールを落としてしまう。そのショックで反射プリズムが破損した。測量の最終段階だったのは幸いであった。反射プリズムは二個用意したが、予備もふくめて三つは必要だ。

１３３０ごろから曇ってきた。１４２０まで基点Ｘから測量。

七月二九日は０７３５にキャンプを出て０７４５に測点に着いた。三脚をセットしはじめたころから降雪。測量器具をデポして、０８１５にテントに帰った。１０３０すぎから晴れあがったので、測量開始。前面のリッジと側方モレーンの接続部分で高さが逆転してしまった。基準点網全体の誤差計算をきちんとやっていないので、どこに誤差があるのかは不明である。最後の段階になって情けないことだ。あとで写真を見ながら調整すればなんとかなるだろう。七月三〇日に天山站に帰った。

望峰モレーン
天山站の下流にある最終氷期のモレーン。

デポ
食糧・装備などをのこしておくこと。登山用語。

リッジ
高い部分の縁のさらに高い部分のこと。

測量作業中の天候

天山山脈はインド洋から遠く離れているが、モンスーンの影響をうける。すでに述べたように、年降水量の七割が夏に降る。平板測量は、晴天のときにしかできない。雨や雪が降ると平板の上に貼った図紙が濡れるからだ。天候はめまぐるしく変わった。積雲が発達し、突然降水が起こる。朝と午後には雪や雨が降ることが多かった。野帳から例を抜き書きする（原文のまま）。

「テントに着くころ（１６４５）から本格的な雪になる。１８００頃から雪やあられ、雹《ひょう》（直径三～五ミリ）が激しく降り、たちまち積もっていく」（七月九日）

「途中から雪が激しく降りだしたので１５３０テントに戻った。夕食の頃には雪をふらせ

た積雲はどこかに去り、きれいな青空がひろがった」(七月一〇日)

「１３００―１６４０調査中に二回も雪が降った。１７００ごろから激しい風とあられ。かみなりが近くで鳴り、岩壁にこだまして凄まじい。テントが風にあおられてバタバタいう」(七月二九日)

「０５３０雪が降っている。きれいな六華の小さな結晶が風に舞っている。七時まえに雪が止んで、０７３０陽があたりだしたと思ったら、また雪が降りだした。０９３０頃になって西のほうからようやく青空がひろがりだした」(七月三〇日)

明けがたや夜間は冷える。テントのフライ(雨よけ)に白く霜がおり、地面は凍りつく。風が強いと寒い。とくに、氷河から吹き下ろす西風が強いときには測量作業がつらい。

6　調査にまつわるさまざまなこと

天山山脈の美しさ

七月一三日にウルプト氷河から天山站にもどる。下山路の記録。

「来たときとちがって道はよく乾いていて長靴の必要性をほとんど感じない。みどりの草地に黄色のキンポウゲが咲き、ほんとうに『天国の山(天山)』という表現がぴったりだ。こういう瞬間があるから山の調査は止められない。氷河にいた四日間で天山站は完全に夏に替わった」(七月一三日)。

今回の調査には、暇なときに読もうと思って『トルキスタンの再会』[2]という天山山脈を一九二〇年代にウマで旅したアメリカ女性が書いた本をもってきた。そのなかに「時は春と夏の中間のあのえも言われぬ美しい季節で、このころあたり一帯はミルクチョコレートか夏のホテルの広告にあるスイスの風景のように、輝く草原の緑、輝くきんぽうげの黄、輝く空の青でいっぱいなのです」（199ページ）という記述がある。いまの天山站付近の光景は、この記述とぴったり一致する。

天山山脈の生物相はヒマラヤなどに比べると種の多様性に欠ける。しかし、調査中に白いアポロ蝶（*Parnassius tianschanicus* 写真11）がひらひらと風に流されながら飛ぶのをしばしば見た。緑の草原には、エーデルワイスが一面に咲いていた（写真12）。この蝶とエーデルワイスが、天山山脈の魅力である。

ウルムチ河の流域の海抜二〇〇〇～二五〇〇メートルにはトウヒなどの針葉樹林がある。日本のトウヒより細くてとんがった針葉樹は美しい。天山の自然はアジア的というよりヨーロッパ的である。

調査中の食事

キャンプ中は自炊するつもりでいたが、中国人研究者たちは自炊しながら調査することなど考えられないらしく、専門のコックをつけてくれた。それで、キャンプでも本格的な中華料理を味わえることになった。また、中国人研究者には弁当をもっていく習慣がない。天山站まで食べにもどるか、作業員が温かい食事を氷河まで運ぶかのどちら

写真11 *Parnassius tianschanicus* テンザンウスバアゲハあるいはテンザンウスバシロチョウ。アポロ蝶としてファンが多い。ブラト谷で1983年7月18日に採集した。

写真12 天山站付近の草原のエーデルワイス（キク科ウスユキソウ属*Leontopodium* sp. 1983年7月2日撮影）。

かであるという。われわれも、昼食はキャンプにもどってとることになった。

七月九日は夕方本格的な雪になった。コックの小戴が用意してきたガソリンバーナーは大型で、炎が大きくあがり、とても小型のナイロン製テントのなかでは使えない。この雪のなかでは、外での炊事はたいへんだ。夕食は、瓶入りオレンジジュース（瓶飲料はいらないといったのに）、ご飯、野菜炒め、干豆腐。コックがつくっただけあって、うまい。しかし、お茶の葉を忘れたらしく、白湯《さゆ》が出た。

七月一一日の昼飯は、小戴のつくった麺（ヌードル）を、巡検にきた一行とみんなで食べた。「麺が好きなのは北方人で、自分は上海近くの南方人だから飯のほうが好きだ」と、張教授がいう。

後半の調査期間の食事も、小戴がつくってくれる。七月二七日の夕食は、スープ、ブタの脂身とカリフラワー・キャベツ・トマトの炒めもの、缶詰の鶏肉、ご飯。驚くべきことに瓶ビールが出た。今回はもっていくなといわなかったからか。やっぱりビールは最高だ。

わたしたちの食事に関して研究所側は、外国人向けのホテルの食事とおなじものを出したつもりでいるようだ。コックをつけ、キャンプでもビールやジュースを用意したのもそのためのようだ。その他の接待も、外国人旅行者のスタンダードをあてはめたと主張する。その結果、中国側に支払うべき諸費用の請求額がはじめのとり決めの二倍にもなっていることが、帰国前になってあきらかになった。会計を担当している大畑くんと今後どうするかを相談するが、名案はない。最終的には施雅風所長の「不足分は日本側に寄付する」ということで決着した。

雪蓮

七月三〇日、キャンプ撤収の朝。０９００すぎにポーターの若者四人がきた。若者たちは、雪蓮（天山雪蓮）を採ってきている。雪蓮とは、キク科トウヒレン属の植物で、花がレタスのような半透明の苞《ほう》に包まれた温室植物である（写真13）。陽あたりがいい崖錐斜面に点てんと分布している。漢方薬として高価で売れるので、よい小遣い稼ぎになるという。彼らはまた、雪蓮を採りに斜面の高いところまで登っていった。

二〇年後の二〇〇三年にきたときには、ウルプト氷河の周辺で雪蓮を見つけることができなかった。おそらく、乱獲によって絶滅したのだろう。ウルムチの農業大学の女子学生が雪蓮の栽培実験を天山站の敷地のなかでおこなっていたが、むずかしそうであった。

遊牧民カザフ

天山山脈の住民は、カザフ民族である。カザフ語による自称は「カザク（Qazaq）」で、「カザフ（Kazakh）」はロシア語名に基づく。中国では「哈薩克《ハザク》」と呼ばれる。トルコ系の民族で、夏は天山山脈の山中でテントの家（ギィグヴィジー）に住み、遊牧生活を営んでいる（写真14）。

天山站の下流で会ったカザフの若者はウシを追ってきた。裸ウマに

写真13　天山雪蓮。キク科トウヒレン属の植物。花はレタスのような半透明の苞《ほう》に包まれている。薬草として珍重される（1983年7月30日ウルプト氷河北側で撮影）。

写真14　ウルムチ河中流2500 mの森林限界付近の緑の草原におかれたカザフの夏の放牧地の家（ギィグヴィジー）。

乗って石のごろごろした河原でウシを追う。上体を折りまげて手をのばし、地面の石を拾ってウシにぶつける。まるで曲乗りだ。かっこいい。

七月一五日にブラト谷でカザフのギィグゥィジーを訪問した。アドレスは新疆烏魯木斉県沙爾巧克牧場で、主はアジスさん。ここには七月八日にきた。夏じゅう、ここですごすという。夫婦と子ども五人。冬には九五キロ、ウルムチ寄りに行くそうだ。

昼飯をごちそうになった。風呂敷のような布をひろげると、コルト（白いチーズの干したもの）と切ったナンが出てきた。さらに塩味のチャイ（紅茶。ダストティーを使っている）とアイラーン（ヨーグルト）をすすめてくれた。

ブラト谷の別のギィグゥィジーにはアブラハーハさんの一家が住んでいた。テントのなかにはベッド二台、トランク三、四個、手廻しミシン、ストーブがあった。若くて感じのいい奥さんと、ひげを生やし老けて見える旦那、長女に男の子三人の一家であった（写真15）。日本人からみると〝憧れ〟の遊牧民族の生活を垣間見ることができたのはうれしかった。

写真15　ブラト谷のカザフのアブラハーハさんの一家。ギィグゥィジー（天幕の家）のなかで（1983年7月21日撮影）。

7　旅の終わりと成果

七月三一日にウルムチにもどり、中学生のときから憧れていた海面下の土地、「地球のへそ」とも呼ばれるトルファン盆地へ天山站の中国人たちと遠足。その後、鉄道で蘭州を経て北京へ入り、八月一五日に日本に帰ってきた。

調査の成果は、氷河凍土研究所にのこしてきた野帳・測量原図のコピーをもとにして、陳吉陽くんが二編の報告を書いてくれた[3]。わたしはブラト谷の報告を書いた[4]。しかし、ウルプト氷河の調査結果は、原著論文としては印刷することができなかった。測量して地図をつくっただけでは学術成果としては認められないからである。できあがった地図をここに示そう（図4）。

とはいえ、この測量の結果と、測量の前後や合間にモレーンを歩きまわって観察した結果をあわせて、ウルプト氷河のさまざまなことが理解できた。それらをまとめると次のようになる。

図4　1983年の測量でできあがったウルプト氷河下流部とモレーンの地形図（測量原図）。左側の濃い灰色の部分が氷河、灰色が氷河表面をおおった岩屑部分、その右のうすい灰色部分が馬蹄形モレーン。方形枠でかこった部分は透明氷がある凹地。原図は彩色してある。

①氷河の流動

ウルプト氷河は末端まで流動していることがたしかめられた。

②モレーンの構成物質と形のちがいについて

ウルプト氷河は、本流をなす左岸側の典型的な裸氷の氷舌と、右岸側の円錐状氷河とからなる。このちがいを反映して、氷河下流の馬蹄形モレーンの構成物や平面形が左右非対称である。左岸側の本流の下流は比較的細粒の岩屑が堆積し、丸い丘状のゆるやかなモレーンをつくっている。それにたいして円錐状氷河のほうでは、粗い岩塊・岩屑が氷河氷をおおい、岩屑《いわくず》被《ひ》覆《ふく》氷《ひょう》河《が》をつくっている。円錐状氷河は、上方からの氷河なだれで供給される多量の岩塊ブロックにおおわれるからである。このちがいは、図3（87ページ）、写真10（93ページ）、写真29（119ページ）でよくわかる。

③氷河底の岩屑氷層

本流氷河の左岸側氷河側面底部では氷河底岩屑氷（basal debris-rich ice　グレーシャー＝ソールともいう）が露出している。永久凍土のように見えるが、実際はきれいな透明氷のブロックに岩片や砂粒が混じっている（全体の体積の六〇％は水が凍った氷で、のこりの四〇％は岩屑である）。氷河底岩屑層にふくまれる礫は、粒が比較的そろっており、氷河に引きずられていることを示す平行な

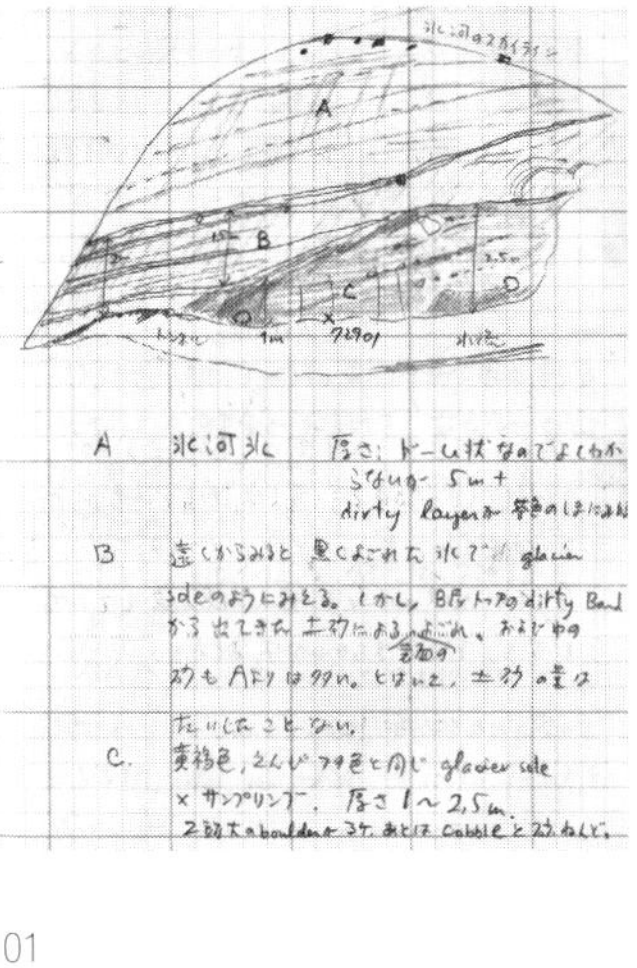

写真16　ウルプト氷河下端左岸側の氷河底岩屑氷のスケッチ（左）と中央部下部の写真（上）。黒っぽい部分は堆積物のように見えるが、じつは岩屑をふくんだ透明氷。氷河がすべる過程で融水が再凍結し岩屑をとりこむ。折れ尺は1m（1983年7月29日撮影）。

層構造が見られる（前ページ写真16）。氷河底岩屑層は、氷河地形形成メカニズムを正しく理解するために重要な鍵である。

④モレーンの内部氷と形成時代

・構造土や割れ目の調査

モレーン外縁部の下に氷が存在することは透明氷の存在からあきらかであったが、その分布範囲を推定するため、構造土状の割れ目や、カルスト状の凹地形、溝状地形の観察をおこなった。新鮮な割れ目や溝の存在からモレーン外縁部の下に氷が存在することは確実である。ただし、それ以外の部分ではモレーンの下には氷はないと考えられた。

・形成時期

モレーンの形成時期を調べるための表面状態の比較調査を六か所でおこなった。モレーン上に五×五メートルの正方形の枠を設け、その枠内の礫径（最大礫から一〇番目まで）、礫種、細粒物質の分布、植生などを記載した（写真17）。この結果を先行研究と比較することによって、今回測量したモレーンは小氷期（五〇〇年前から一五〇年前までの寒冷な時期）に形成されたものであることがわかった。

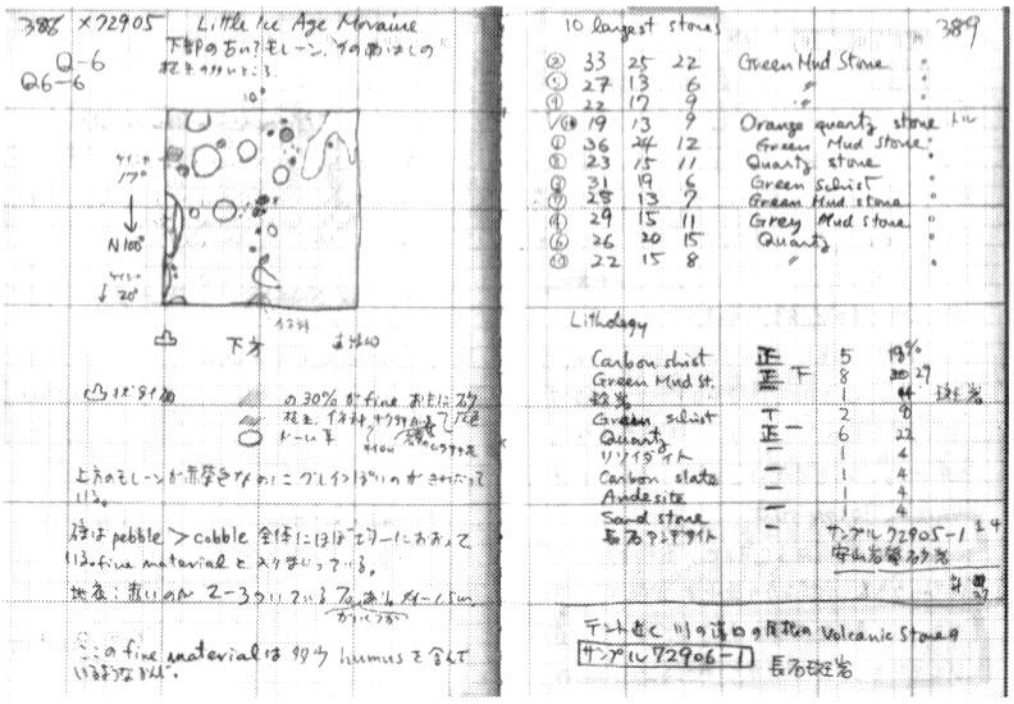

写真17　ウルプト氷河のモレーンの表面状態調査の記録の例（野帳のコピー）。72905地点（7月29日の5番目地点という意味）。この地点番号は現場で地図の上にも記入する。5m×5mの方形区内の地表面のスケッチと10番目礫までの粒径と岩質の調査結果。

Ⅱ　二〇〇三年の調査

1　再挑戦

一九八三年の天山調査がきっかけになって、その後、西崑崙《シークンルン》山脈、タングラ山脈、東南チベット（東部ニンチェンタングラ山脈）で蘭州氷河凍土研究所との共同調査がおこなわれ、わたしもそこに参加した。ほかにヒマラヤでの調査もすすんでいたし、アイスランドや南極へとわたしのフィールドはひろがった。一九八三年にともに調査をした陳くんはカナダの大学院に留学し、その後チューリッヒ工科大学で氷河水文《すいもん》学を研究しているという。ウルプト氷河のことはすっかり忘れていた。

一九九〇年代になって、世界の氷河が大きく縮小していることが研究者のあいだで話題になってきた。一九九五年にネパールのクンブ氷河を再調査し、地図をつくった。一九七八年の測量結果と比較した一七年間の変化（表面低下）をまとめて二〇〇〇年五月にシアトルの学会で報告したら評判がよかった。

そこでウルプト氷河のことを想い出した。再測量して、その後の変化を調べよう。前回調査からちょうど二〇年後にあたる二〇〇三年に実施したい。東京地学協会に研究助成を申請したら五〇万円もらえることになった。

調査は、わたしと、共同研究者のカダル＝ケズルくん（専門は水文学）、調査補助員の黒田真二郎くんとでおこなうことになった。カダルくんはカザフ族で、かつて東京都立大学の大学院に留学して学位を得た。わたしはそのときの審査委員（副査）であった。いまはウルムチの中国科学院新疆生態地理研究所の研究員である。黒田くんは東京都立大学理学研究科博士課程の院生で、日本アルプス白馬岳の砂礫斜面で礫移動の研究をしていた。できれば天山山脈の高山地形を研究して学位をとりたいと考えている。

蘭州氷河凍土研究所に連絡すると、天山站の所長が焦克勤《チャオケーチン》さんであることがわかった。焦さんは地形学者で、一九八七年の西崑崙山脈調査、一九八九年の東部ニンチェンタングラ調査をともにおこなった仲である。いろいろ便宜をはかってくれるだろう。

2 準備

調査予定は次のとおりである。

二〇〇三年七月二二日に東京を出て、上海を経て翌日にウルムチに着く。買い物・準備ののち、二五日に天山站に行く。二八日〜八月二日の期間にウルプト氷河末端にキャンプを設営し、測量と調査をおこなう。その前後には、天山站に滞在して一号氷河、勝利達《シエンリダ》坂《バン》（峠）への道路沿いの岩屑斜面、望峰モレーンでの観察・試料採取をおこなう。ウルムチには六日にもどり、九日・一〇日にはトルファン盆地の乾燥地形と塩湖を見学し、一一日にウルムチ発、上海を経て一二日に帰国する。全体で三週間の日程である。

期間が短いこと、現地の状況がよくわかっていることなどから、荷物は各自二五キロくらいに抑えることができた。

今回は自炊なので、食糧と燃料はウルムチで購入する。食糧は大規模なスーパーマーケットで簡単にそろったが、燃料の灯油（ケロシン）が見つからない。ここでは、燃料はプロパンなどのガスボンベを使っているという。結局、コンロのノズルをガソリン用に替えて自動車用のガソリンを購入した。プラスチック袋やハンマー、シャベルなどの道具もウルムチの金物屋で購入した。

3　二〇年ぶりの天山站

二〇〇三年七月二五日。新疆生態地理研究所から借りあげた四輪駆動車で、ウルムチ時間0755にウルムチを出発、1200天山站（氷河観測基地）に着いた。二〇年ぶりだ。いろいろなことが変わっていた。五号氷河は完全に消滅していた。もっとも驚いたことは、ここが観光地になっていることだった（写真18）。歓迎の看板ができ、宿泊所や簡易食堂になっているカザフのギィグゥィジー（天幕の家）が多数ある。数えたら全部で二五張あった。二〇年前にはなかったトラックの往来がさかんだ。ここを通る道路は、以前きたときには軍用道路であったが、現在はウルムチとコルラを結ぶ大型トラック輸送の大動脈になっている。トラックドライバー宿泊用の天幕もあった。

天山站は、新しいプレハブの建物が内装工事中だったので、今夜は観光用天幕に泊まることにした。

昼食後、1400ごろから一号氷河へ行った。この二〇年のあいだに一号氷河は非常に縮小し、二つに分離していた（次ページ写真19）。

写真18　観光地になった天山站。1号氷河へ向かう道路の入り口。観光客相手のギィグゥィジーが建ちならび、ウマに乗った観光客が1号氷河へ向かう（2003年8月4日撮影）。

氷河を見物するために、たくさんの観光客がきている。観光客の多くは、カザフが牽くウマにまたがって氷河のそばまで行き、氷をさわっている。サバクのなかの大都市に住むウルムチ市民にとってはすばらしい経験だろう。

七月二六〜二七日には高度順化のため天山站に滞在してまわりを歩く。高度四一〇〇メートルの勝利峠にも行った。前回は行くのが禁止されていた場所だ。

カザフの生活も変わったようだ。二〇年前とちがっているのは、ラクダが見られなくなったことだ。鉄砲をもったカザフ（写真20）もいなくなった。そのかわりにトラックが牧民のギィグゥィジーの前にとまっている。

写真19　おなじ場所から見た1号氷河。上：1983年7月、下：2003年7月。この20年間に氷河は縮小し、ふたつにわかれた。

写真20　かつてラクダは荷物輸送の主役だった。ギィグゥィジー一式を運ぶ2頭のラクダ。飼い主のカザフは背中に鉄砲を担いでいる（1983年7月撮影）。

4　ウルプト氷河の再測量

測量キャンプの設営と予察踏査

七月二八日。ウルプト氷河に出発する日だ。暑くて何度も目が覚めた。天山站の建物には温水暖房が設置してあるからだ。気分が悪く食欲がない。体温を測ると三七・一度ある。高山病らしい。ダイアモックス（高山病予防薬）を飲む。

０７００には荷運びのウマが二頭きた。前回は天山站の作業員にポーターを頼んだが、今回は作業員がいないので、かわりにカザフのウマを雇った。わたしたちは、左岸からアースハンモック（土壌凍結によってできる帽子状突起）がある湿地を越えていく。

一九八三年に撮影した写真と比べながら歩くのだが、おなじ場所を特定するのがむずかしい。氷河前面の盆地に入る鞍部のところで、荷物を運び終えてひき返すウマに出会った。会計係の黒田くんが支払いをする。一頭八〇元＋チップ五元×二頭。

０９３５キャンプ地到着。氷河はかなり後退しているが、氷河下流盆地のおおまかな地形は変わっていない。氷河が後退したぶんだけ、キャンプの位置が上流へ移った。

１２３５〜１４４０測量する場所をざっと見てまわった。透明氷の洞穴はもうないが、小型の凹地はのこっている（小すり鉢と命名）。その上流、一九八三年にも凹地だった場所に、大きなすり鉢状の地形（大すり鉢と命名）ができている。ウラターへの峠へ行く道が、左岸の崖錐斜面を横切ってつけられている。一九八三年のように氷河の上を通ることはもうないのだろうか。一九八三年に設置した測量基準点の標識はまったく発見できなかった。

測量作業

七月二九日　０４４０黒田くんが炊事のためにわたしのテントにきた。寒くて寝袋から出るのがつらい。七時前になってようやく陽がさし暖かくなってきたが、風は冷たい。

テントの近くの平らなところに平板をセットした。黒田くんをポールもちにして、主要なピーク状のところを急いでまわってもらう。光波アリダードのバッテリーが充電不足でいつまでもつかわからないからである。昼飯までに九点、午後一二点、合計二一点を光波アリダードで測量した（写真21）。

午後の後半、黒田くんはバッテリーの修理、わたしは午前中に測量した地点の観察をおこなった。午前中に黒田くんがポールをもってまわった測点に行ってGPSで緯度・経度値と高度を求め、まわりの地形をスケッチするのである。適当に疲れてテントに帰った。ウィスキーの水割りとバイチュウ（白酒。中国版焼酎）がうまい。つまみは町田市カドヤのふりかけ。夕方から風がぴたりとやんだ。静かで暖かい（２１１５）。

七月三〇日　一九八三年の地図（100ページ図4）から下（東）の基点Yの位置を割り出し、どのように測量したらいいかの目安を決めて０８００出発、Y点に行った。モレーンの末端位置は地図どおりで変わっていない。それを基準にY基点を再構築した。午後は地

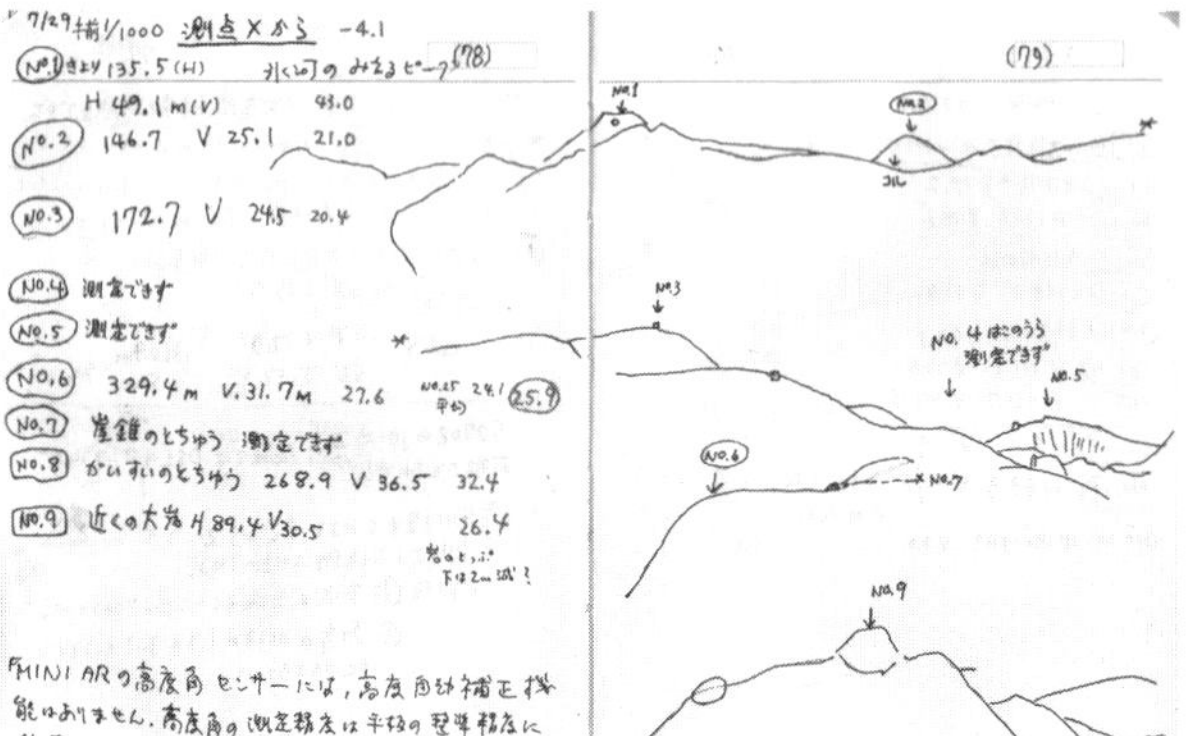

写真21　7月29日午前中に測点Xからねらった測点No.1〜No.9のスケッチと測定結果（2003年の野帳78-79ページ）。測点Xからの距離（H）と比高（V）、作図時の高さの値が記入してある。墨入れ後のもの。

図の整理。ＧＰＳ測定値をプロットするためのグリッド図をつくった。

七月三一日　快晴。０７００～１１００、モレーンの縁の丘と、下のＹ基点での測量。西風（氷河おろしの風）が強くて平板測量がつらい。１２３０～１５３０、大すり鉢の測量。黒田くんがしんどそう。きのうから身体の調子があまりよくないらしく、今朝は顔が卵のようにむくんでいた。

その後は氷河の調査。氷河前面の裸氷を登る。傾斜はゆるく、歩いて登ることができる。氷河流動速度が一九八三年よりも遅くなったのだろう。氷河の前面下流に年周モレーン（年ごとにできる小規模なモレーン）がないのを確認した。

八月一日　今日も快晴。完全に静かな朝。わたしは測量結果の整理で午前中テントにいた。黒田くんは氷河の先のウルプト峠まで登ってきた。氷河の上を通らず、崖錐を横切る踏み跡を行ったらしい。黒くこまかく割れる千枚岩のところは歩きやすかったが、そこにいたるまでの結晶片岩の部分は歩きにくかったという。

１２００～１４４０モレーンの前面部分の測量。Y_2の位置がズレていることが方位のズレでわかった。それが全体のズレをもたらしている。修正してY_2＝Ｙとすると、モレーンの基部の位置は一九八三年の地図と完全に一致した。最近になってわたしは、ウルプト氷河のモレーン前面の形が岩石氷河とおなじであることに気がついた。もし岩石氷河なら、モレーンの基部の位置が前進しているはずである。しかし、測量結果は末端の位置変化を示さず、岩石氷河説は否定された。

テントに着いて、１５３０～１６４０測量の仕上げ。大まかな測量結果を一九八三年の地図と比較すると、これまでモレーンと考えていたキャンプ地の盆地が一〇メートルも沈下していることがあきらかになった。これはただごとではない。下に氷があってそれが融解したとしか考えられない。予期せぬ発見だ。

その後、1800夕食。食後のコーヒーを飲んでいると、氷河の向こうに陽が沈む1855。

仕上げの観察と撤収

八月二日　朝食後、朝日をあびている氷河底岩屑氷の写真を撮りにいく。一九八三年にあった礫のきれいな層構造を見られる部分はなかった。なかにふくまれる擦痕礫を探すがよいのがない。どちらも氷河の流動が衰えたことによるのだろう。
昼食後、東（下流側）のほうのスケッチにいく。大すり鉢の吸いこみ口があふれて、西向きの氷壁の下にも池ができ、どんどん拡大をはじめている。氷壁はあきらかに氷河氷が露出したもので高さ一五メートル以上あり、上には厚さ一・五メートルほどの岩屑層がのっている（写真22）。
下流のモレーン前面近くに行くと、Y_2とYとのズレが原因で、等高線が描けなくなってしまった。スケッチを十分にして地形を理解したので、あとで補正できそう。
八月三日　天山站へ下山する日。荷物運びのウマがくるまでのあいだ、急いで地形の測定と観察をする。まず小すり鉢の深さを測量した。わたしの目測は一三メートル、測定結果は一七メートルであった。いったんテントに帰ってから、氷河左岸の氷河縁を観察する。黒田くんがいったように、氷河底岩屑氷は下流端以外にはない。また、氷河の縁の水流は氷河の底には入りこんでいないようだ。氷河前面から下流側の、大岩がゴロゴロしている

ロッジメントティル
氷河が流動中に堆積したと解釈されていた粘土・砂・礫。しかし、これらは氷河の流動によってひきずられて変形ティルになるので、ロッジメントティルとは呼べない。ロッジメントティルと呼べるのは、大岩にひっかかってとまった礫質のティルだけである。

わずかな高まりのところは、ほかのところとちがって氷河の融水に運ばれた細粒の砂礫で埋められていない。そのかわり、こぶし大の礫に半分埋まった、擦痕のついた大岩がある（写真23）。表面には粘土が薄くのり、その上にのった小礫の下面（大岩と接している面）には擦痕がついている。これらの礫こそが、ロッジメントティルである。二〇年前、この部分は氷河の下にあって、氷河は流動していた。擦痕は底面すべりが起こったことを示している。大岩にひっかかってとまった礫。まさに摩擦によるひき剥がしによるロッジメントティルである。ロッジメントティルという用語を使う人は多いが、実物を見た人はすくないだろう。

０８４０にウマがきた。大急ぎで撤収して、０９０６写真を撮りながらゆっくりくだる。１０５０天山站着。大勢の観光客がいる。天山站の建物は修理が終わってきれいになっていた。カダルくんが買ってきてくれたスイカがうまい。昼飯はひさしぶりの野菜いっぱいの中華料理でとてもうまかった。

これでウルプト氷河の再測量は終了した。測量中に驚いたのは、氷河の下流にある馬蹄形モレーンの盆地部分の地形変化が予想以上に大きかったことである。その詳細は、一九八三年と今回の地形図を比較することであきらかになろう。

写真23　ウルプト氷河の前面下にあったロッジメントティル。氷河底と地面との摩擦によって堆積したとみられる礫。擦痕がついた大きな岩の上流端（右側）に人頭大・こぶし大の礫がひっかかっている（2003年8月3日撮影）。

写真22　大すり鉢の西向きの氷壁。汚れて黒いが氷が露出している。上に厚さ1～1.5mの岩屑層がのる。人物がスケール。場所は、図5（116～117ページ）左下図の3の位置。氷河の融解水の水流がこの氷壁の下に吸いこまれている（2003年8月3日撮影）。

測量作業中の天候と食事

測量作業期間中の天候は一九八三年とおなじようなものであった。晴れて暖かい日もあったし、風が強く寒い日もあった。突然、雨や雪が降りだすこともあった。夕方から夜間の降雪で朝まっ白になることもあったが、陽がさすと融けた。

食事は完全に自炊で、テント（モンベルのムーンライト三人用）のなかでホエーブスのコンロで炊事した。

朝食は、紅茶とラーメンのことが多かった。中国製インスタントラーメンは種類が多く優秀、とくに麺がうまい。黒田くんは「辛い、辛い」というが、わたしにはちょうどよい。イスラム風味で羊肉の塊が入っているのもあった。

昼飯は、ウルムチの有名店で行列して買ったナンと紅茶。中国製のネギ入りクラッカーとコーヒーのこともあった。

夕食には中国の食材と日本から持参したインスタント食品を組みあわせて食べた。たとえば、中国の塩豚肉、赤飯（日本のアルファ米）、醤油味の野菜スープ、バイチュウ（白酒）、茶。あるいは、食前酒のウィスキー、カシューナッツ、ソーセージ、ご飯、サケの切り身（急速冷凍乾燥品）、すまし汁（具たくさん）、ふりかけ、茶。国際色豊かなメニューでは、ノルウェー製のスープ、中国の腸詰、日本のマッシュポテト、ドイツのパスタスープ、コーヒーや、完全な和食メニュー、ダイコンのお浸し、五目飯、白いご飯とふりかけ、野菜いっぱいのすまし汁にしたこともある。

5 氷河を越える家畜群

一九八三年七月九日、はじめてウルプト氷河を歩いたとき、舗装道路のように締まった踏み跡にヒツジの糞が散らばっているのを見た。カザフ遊牧民が家畜をつれて氷河を越えているかもしれない、その実態を知りたいと強く思った。

翌日、氷河上で作業をしていた1030〜1100に、三〇〜四〇頭のウシをつれ、ウマに乗ったカザフの夫婦が、氷河を登り、峠を越えていった。ギィグゥイジー一式や家財道具を載せたラクダをともなっていた。イヌもつれていた。荷物を満載したラクダがゆうゆうと氷河を越えていくのは壮観であった。

七月一一日、左岸側の側方モレーンの丘の上にあがって測量していたら、下から一〇頭ぐらいのウシに荷を負わせたカザフがふたり、あがってくるのが見えた。中年の夫婦で、ご主人はマンチティという名前であった（写真24）。

「峠を越えて、反対側のウラターという放牧地に行く。いま1130だが、1500ごろまでには着く。一か月半くらい滞在して、九月にはもどってくる」

しばらくすると、今度は二頭のウマに乗った夫婦が四〇〇〜五〇〇頭のヒツジを追ってあがってきた。その翌日（一二日）にも、家畜をつれたカザフの一隊、荷を積んだウシと多数のヒツジが峠を越えていった（次ページ写真25）。家畜の群をつれた遊牧民が氷河を越えていくのは、すばらし

写真24　これからウルプト氷河を越えてウラター放牧地に向かうカザフ遊牧民のマンチティ夫妻（1983年7月11日撮影）。

い光景だ。

二〇〇三年には、ウルプト氷河を通って峠を越える家畜群を見かけなかった。時期が遅く、すでに移動が終わってしまったのか、それとも氷河が縮小したため移動ルートが放棄されたのか、どちらかだろうと思った。

二〇〇三年八月一日朝、左岸側の側方モレーンの丘の上でのスケッチを終えたころ、下からあがってくる人とウマに気づいた。ウマに乗ったカザフの中年男性がひとり、荷を満載したウマを牽いてきた（写真26）。話しかけてみるが、カザフ語なのでまったくわからない。「写真を撮ってくれ」といっているらしい。何日かにもどってくるから、そのときに写真をくれという意味のことをさかんに繰り返した。ハリム＝ベックという名前だそうだ。

ハリムさんがどういうルートであがっていくのか、しばらく見ていた。彼は、ガラガラの岩屑のガレのなかにつけられた踏み跡をたどって氷河のそばまでくだった。氷河沿いにガレを登ると思いきや、すこしひき返し気味に（ジグザグを描くようにして）氷河を登りはじめた（写真27）。モレーンの丘の上から見ると、氷河の側面がとても急に見える。

八月三日に氷河の上にあがると、氷の上に布きれや馬糞が落ちているところがあり、その横の下がとりつき点であった。あとでカダ

写真26　荷を積んだウマを牽いてウラターに向かう、カザフ牧民ハリム＝ベックさん（2003年8月1日撮影）。

写真25　まだ積雪におおわれたウルプト氷河の消耗域を越えてウラター放牧地に向かう遊牧民のキャラバン。ウマに乗ったカザフがヒツジの群れをつれ、家財道具を積んだウシをともなっている（1983年7月12日撮影）。

ルくんを通じて聞くと、「いまでもウラターに行くには氷河の上をわたっていく。ガラガラの岩屑の上を歩くよりは、氷河のほうがはるかに歩きやすい」ということであった。

　ウルプト氷河は、この二〇年で大きく縮小し、氷河側面の傾斜が急になって、家畜の通過が以前よりむずかしくなった。氷河消滅後にあらわれた礫でガラガラの地面は、蹄をもった家畜にとってはもっとも歩きにくい場所である。氷河の縮小がさらにすすむと、氷河の通過は困難になる。もし、この峠を越えられなくなったらどうなるのか。この氷河の周辺には越えられそうな鞍部はない。地図（旧ソ連作成の二〇万分の一図）とGoogle Earth・Google Mapで確認したところ、ウルムチ河源頭の勝利峠を越えて西に向かい、三七〇〇メートルの氷河のない峠を越えて六〇キロの大まわりをしなければならないことがわかった。

写真27　荷を積んだウマを牽いて急なウルプト氷河の側面を登るハリム＝ベックさん(2003年8月1日撮影)。

Ⅲ　成　果

1　ウルプト氷河の二〇年間の変化

一九八三年と二〇〇三年の測量によってできた地形図を、おなじスケールでならべてみよう（次ページ図5）。地図からわかる、二〇年間に起こった著しい変化は、次のとおりであ

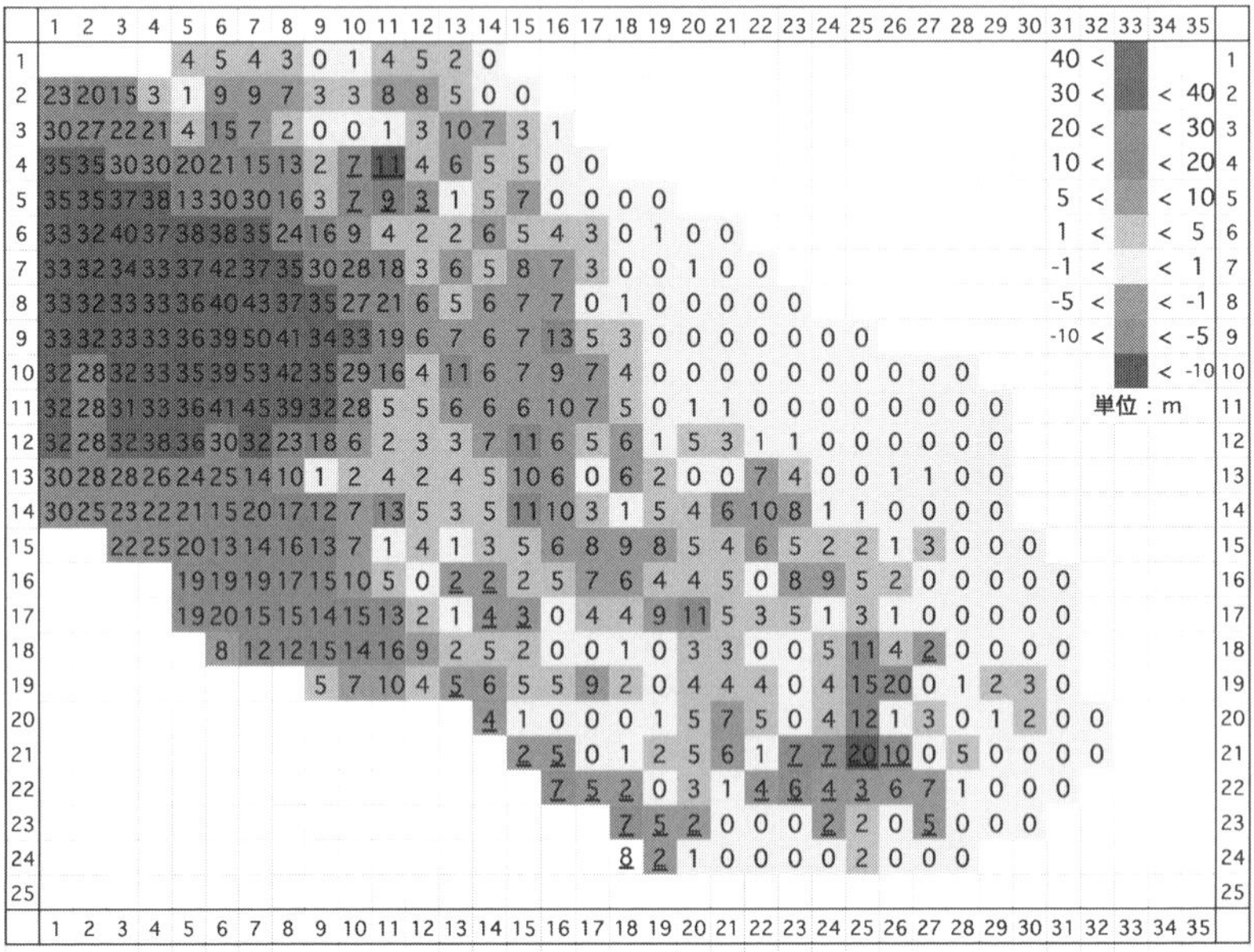

図5 完成した地形図（等高線間隔5m）の比較。図郭線のまわりの数字は座標軸の値（3図に共通）。
左ページ上：1983年、**A**は本流の裸氷舌、**B**は円錐状氷河、**1**：氷河底岩屑氷層の観察地点、**2**：洞穴内の透明氷の地点。
左ページ下：2003年、**3**：大すり鉢の西向き氷壁露出（111ページ写真22）、**4**：大すり鉢の北向き氷壁露出、**a**− −**b**は図6（120ページ）の断面線の位置。
上：1983年から2003年への表面高度の変化（沈降・隆起）。数字は変化の絶対値。下線のある部分が隆起したところ。原図はカラー。

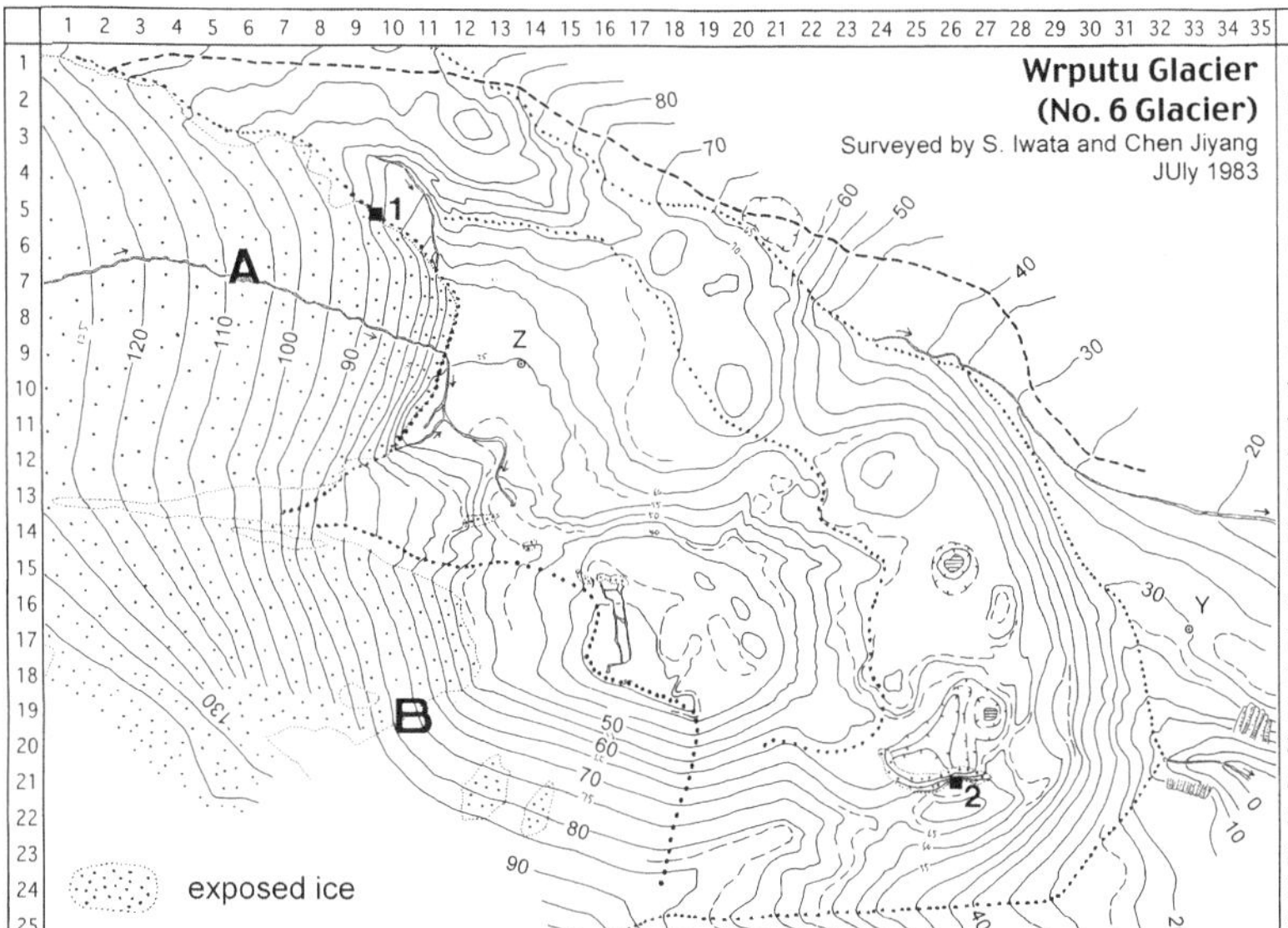
Wrputu Glacier
(No. 6 Glacier)
Surveyed by S. Iwata and Chen Jiyang
JUly 1983
A
B
Z
Y
1
2
exposed ice

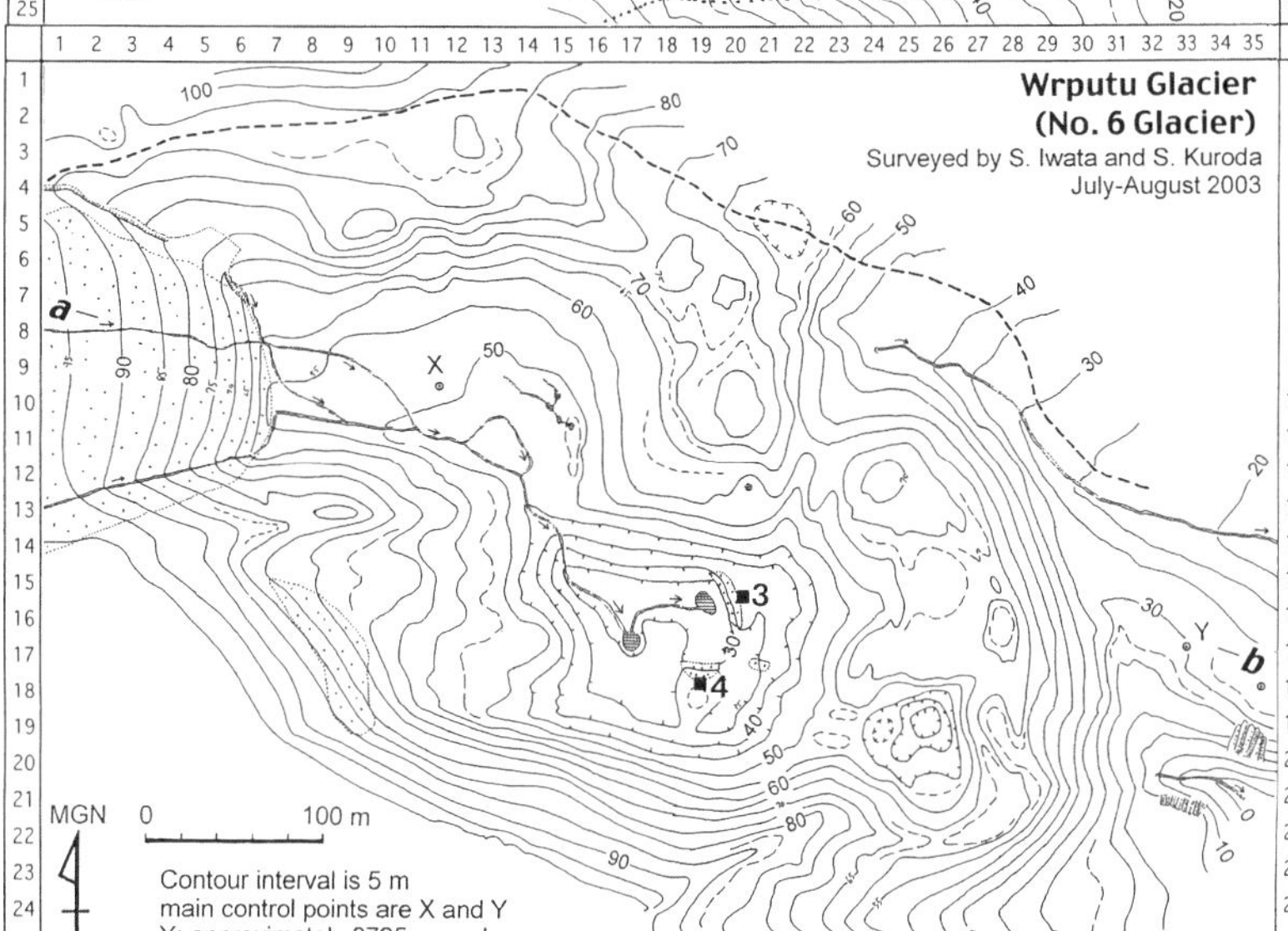
Wrputu Glacier
(No. 6 Glacier)
Surveyed by S. Iwata and S. Kuroda
July-August 2003
a
b
X
Y
3
4
MGN
0
100 m
Contour interval is 5 m
main control points are X and Y
Y: approximately 3725 m a.s.l.

る。

①氷河縁の位置

北側主氷河Aの氷舌縁の位置は一〇〇メートル以上後退した（写真28、29）。一方、南側の円錐状氷河の末端Bは、裸氷の面積が大幅に減少し、下端の岩屑被覆部分が広くなった。等高線が示すところでは、確実に厚みを増し前進している。この前進は、岩屑被覆層が拡大したことで説明できる。氷河の末端がおなじ位置にあるということは、氷河の流動量（氷の供給量）と消耗（融解）量とが平衡している（バランスがとれている）ことを意味する。したがって、岩屑被覆の面積が増えることによって氷河の消耗量が抑制された場合、流動量が変化しなければ氷河は前進する。

②氷河表面低下

一九八三年と二〇〇三年の地形図の等高線の差を二〇メートル方眼ごとに読みとって、高低差の分布を図5右（116ページ）に示した。縦断面の変化は図6（120ページ）に示した。これによると、氷河表面低下量は、北側の氷舌部分Aでは三〇～四〇メートル、南側の円錐状氷河末端部分Bでは一五～二〇メートルで、①で述べた張り出した部分では逆に二～四メートル高くなっている。

③モレーン域の表面の低下

モレーン域の表面の低下は、盆地部分から氷河縁辺までおよんでいるが、北東側から東側の縁辺部では低下していない部分が認められる。低下量は、最大二〇メートル、最小は〇メートルで、七～五メートルの部分が広い。この低下量を二〇年で割ると、年間三五～二五センチの低下量となり、通常の流水侵食などでは考えられない大きな

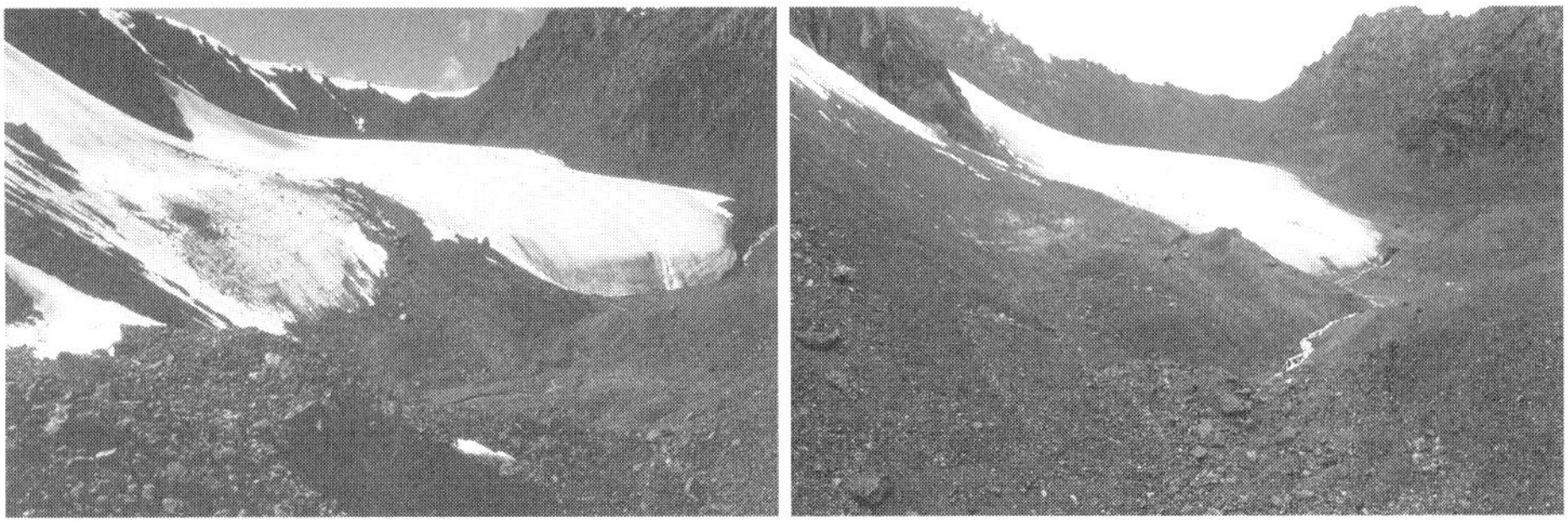

写真28　東南側のほぼおなじ点から見たウルプト氷河。左：1983年撮影、右：2003年撮影。右側の本流は後退し、縁の傾斜がゆるくなったが、表面岩屑は増えていない。左側の円錐状氷河の下部は、表面岩屑におおわれてやや前進している。手前の凹地が大すり鉢。

写真29　東南側のほぼおなじ点（写真28の点より高い）から見たウルプト氷河と大すり鉢。左：1983年撮影、右：2003年撮影。右側の本流は1983年の位置（破線）から後退した。左中段の円錐状氷河の下端はやや前進し、粗粒な砂礫におおわれた。本流氷河末端からの流路が大すり鉢まで延び、下刻がすすんだ。

値である。

このような測量結果から、次のようなことがあきらかになった。

1　ウルプト氷河の下流に接するモレーンは、沈下からわかる氷体の存在と、実際に観察された表面岩屑層の厚さからみて、全体が岩屑被覆氷河である。またその末端は、安定していることから岩石氷河ではない。

2　氷河前面下流での岩屑の堆積・地形形成プロセスとしては、融氷河水の作用と、下にある氷河氷の融解にともなう堆積物の変形と再堆積が重要である。

2　表面岩屑層形成メカニズムの新解釈

ウルプト氷河の下に連なる馬蹄形のモレーンとしてきたものは、じつはモレーンではなく岩屑被覆氷河であった。しかし、それを背後からおおう氷河は、すくなくとも本流部分は典型的な裸氷タイプの氷河である。岩屑被覆氷河の氷河表面をおおう岩屑層は、氷体内部の岩屑が氷河融解にともなって氷河表面に集積した、つまり氷体内部からもたらされたもの、さもなければ氷河消耗域表面への崩壊や土石流などによる岩屑の供給によるものと考えられていた。流域の環境が変わらなければ、ある時期に岩屑被覆氷河だったものが急に裸氷タイプになるとは考えにくい。

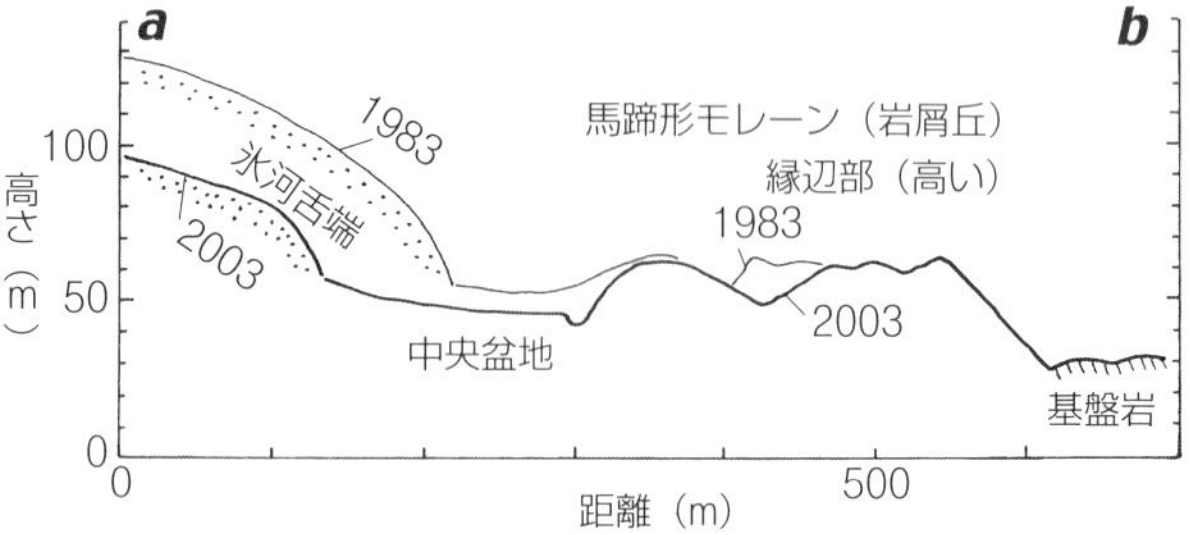

図6　1983年と2003年の地形プロファイルの比較。低下を示す。断面線の位置は図5左下（117ページ）のa－ －b。氷河舌端の部分では30～40ｍの低下が、氷河に接する中央盆地（砂礫原）では5～10ｍの低下が起こった。モレーンの縁辺部外側リッジの部分では変化がない。

そこで考えついたのが、氷河前進による岩屑の搬入残置という仮説である[5]。それは、氷河の氷舌部に上流からあらたに氷舌が前進してきて旧氷舌をおおい、その後、新しい氷舌が停止し、縮小・後退（消耗）した場合、新氷舌にふくまれていた氷河底や氷河表面の岩屑が、氷体消滅後に旧氷舌上にのこされ、表面岩屑となるというものである（図7）。このような例はウルプト氷河以外ではまだ知られていないけれども、意外に多いのかもしれない。

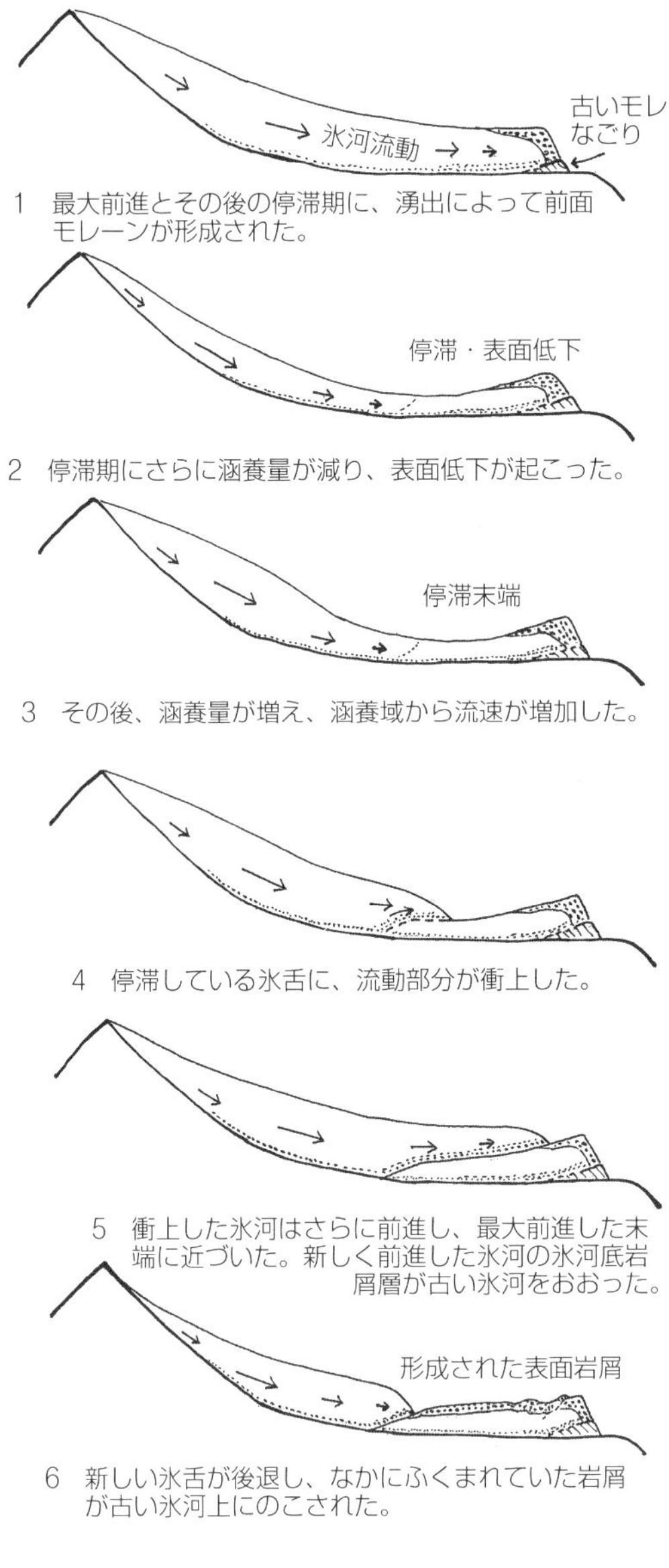
古いモレーンのなごり
氷河流動
1　最大前進とその後の停滞期に、湧出によって前面モレーンが形成された。
停滞・表面低下
2　停滞期にさらに涵養量が減り、表面低下が起こった。
停滞末端
3　その後、涵養量が増え、涵養域から流速が増加した。
4　停滞している氷舌に、流動部分が衝上した。
5　衝上した氷河はさらに前進し、最大前進した末端に近づいた。新しく前進した氷河の氷河底岩屑層が古い氷河をおおった。
形成された表面岩屑
6　新しい氷舌が後退し、なかにふくまれていた岩屑が古い氷河上にのこされた。

図7　前進してきた氷河の氷河底岩屑層が、氷河消滅後すでにあった氷河表面に残置され、表面岩屑層が形成されるシナリオを示す。6が天山山脈のウルプト氷河の現在の状態（岩田原図）。

3　この調査で得たもの

最後にわたしが得た教訓をつけ加えよう。

どんな野外調査においても重要なことは、事実をきちんと記録することである。地理学や氷河研究では位置情報や定量的な形の記載が重要である。測量による地図つくりはそれを可能にする。しかし、一度だけの測量結果や地図だけでは、貴重な事実の記録は得られても、学術的に評価されるような、問題点の解明や、新しい因果関係の発見にはなりにくい。しかし、くり返して調査し、その間の変化をあきらかにすることができれば、そして、その変化の理由を考えれば、問題点の解明や、新しい因果関係の発見に結びつけることができる。氷河の現象や、地すべり・崩壊のような比較的変化がはやい現象ならば、一〇年や二〇年の反復調査でも十分に変化をとらえることができる。ただし、あきずに、長年、くり返し調査をするためには、対象にこだわること、つまり対象を好きになることが必要である。

地理や環境の研究では、好きな対象を徹底的に追求すべし。長期間継続し、反復調査をすべし。地図の重要性を忘れるべからず。

〈参考文献〉
（1）季子修「天山中部現代氷縁作用」『氷川凍土』2(3)、1―11　一九八〇
（2）ラティモア、エリノア『トルキスタンの再会』原もと子訳　東洋文庫　一九七九
（3）岩田修二・陳吉陽「1983年中日聯合考察地貌部分資料的説明」『天山氷川站年報』No.2、318―323　一九八四

岩田修二・陳吉陽「天山烏魯木斉河源氷川和氷川地貌考察資料」『天山氷川站年報』No.3、101—113
一九八七
(4) Iwata. S. and Chen Jiyang 1989. Geomorphological mapping of the Bulate Valley. TianShan Mountains「氷川凍土」11 (4). 350-362.
(5) Iwata. S. Kuroda. S.. and Kadar. K. 2005. Debris-mantle formation of Wrputu Glacier. the Tianshan Mountains. China. *Bulletin of Glaciological Research* 22. 99-107.

岩田修二（いわた・しゅうじ）
一九四六年神戸市生まれ。小学六年生の一二月、たまたま書店で見つけた二万五〇〇〇分の一地形図「神戸首部」を携えて、同級生と街の裏山、六甲山生田川の水源を探しに行ったのが山を好きになるきっかけになった。中学・高校・大学では山登りに明け暮れ、大学三年生のとき、南米パタゴニアの未踏の氷原を歩いて氷河の魅力にとりつかれた。その後、ヒマラヤ・天山・アイスランド・南極・チベットなどで氷河と地形の研究をおこなってきた。

＊　＊　＊

■わたしの研究に衝撃をあたえた一冊『地図の空白部』〈ヒマラヤ名著全集10〉

イギリスの登山家シプトンが、一九三六年に仲間の登山家、地質学者、測量士とともに、カラコラム山脈の広大な未踏の氷河地域「地図の空白部」で登山をしながら地図をつくった記録。わたしの読書記録によると、一九七〇年の一月八日に徹夜で読み、登山と測量が両立することに感激した。この本の最後を飾るシムシャール峠からギルギットへの行程は、二〇〇六年夏に逆方向からたどることができた。

エリック・シプトン著
諏訪多栄蔵訳
あかね書房
一九六七年

津波堆積物を、歩いて、観て、考える

――平川一臣

二〇一一年三月一一日、東北地方の太平洋沖で発生したマグニチュード九・〇の巨大地震は、超巨大津波をひき起こした。被害は、北海道から房総半島にかけての太平洋沿岸二〇〇〇キロにもおよび、二万人に達せんとする住民の生命をうばってしまった。とりわけ三陸から常磐沿岸にかけての地域では、多くの集落が壊滅し、そこに営まれてきた人びとの生活がうばわれてしまった。

津波や地震に関わる日本の研究者たちは、その後わずか一か月あまりの短期間に五三〇〇地点以上でこの津波の浸水高、遡上高を計測し、土木学会海岸工学委員会のホームページ上に逐次データを集積して公開した。その分布と数値（図1）をじっくりと見てみよう。津波は、広範囲で高さ一〇〜一五メートルを越えるとともに、内陸へ数キロも浸水し、海抜三〇〜四〇メートルの高さにまで遡上した。すさまじい様相が、はっきりとわかる。

じつは、このたびのような超巨大津波は、貞観《じょうがん》時代の西暦八六

図1　2011年3月11日東北地方太平洋沖地震による津波の浸水・遡上高。土木学会海岸工学委員会ホームページ（http://www.coastal.jp/tsunami2011/）より。現在は画像が変わっている

九年にも発生していた。その証拠が地層（津波堆積物）として仙台平野から石巻《いしのまき》平野にかけてのこされていることは、三・一一津波以前にすでにわかっていた。かつて津波が海浜から運んで陸上に置き去りにした堆積物こそが、およそ一一〇〇年前の超巨大津波襲来を示す確実な証拠であり、それゆえに、とくに東日本大震災以降、津波堆積物は広く一般に注目されることになった。

それでは、津波堆積物を調べれば、さらに貞観時代以前の巨大津波の履歴もわかり、超巨大地震とは何なのかについて、詳しく迫ることができるのだろうか？

津波堆積物
泥、砂、礫、生物遺骸（たとえば貝）、人工物質など、巨大津波が海底、海浜、陸地表面から運んだすべての物質。津波堆積物から、過去の津波の発生時期や浸水範囲を明らかにすることができる。

Ⅰ 気仙沼の発見

三月一一日の津波から一か月あまりすぎた四月下旬になって、わたしはようやく三陸海岸へ行った。くり返しテレビにうつし出された圧倒的な津波の様相と、あまりにも酷い三陸沿岸の被災状況を思うと、調査・研究のために現地へ出向く気持ちにはなかなかなれなかったからだ。研究者の仲間うちでは、「当面、現地調査は自粛されたい」という知らせがまわってもいた。それでも結局、神戸大学都市安全研究センターが実施するという、地震、津波、それに住民の避難意識に関わる緊急調査への呼びかけに応じることになった。

四月一九日朝、いわて花巻《はなまき》空港からレンタカーで宮古へ。さらにやや北上して、スーパー堤防で知られた田老町《たろうちょう》周辺を見る。四月も下旬になろうというのに、ミゾレまじりの冷たい雨が横なぐりに吹きつける、寒い日だった。

あまりの惨状に、「唾《つば》が固まってしまう」、ことばが出てこないという感覚を覚えた。

深夜になって、宿泊可能な内陸の一関《いちのせき》までもどり、そこを拠点に翌日から、大船渡《おおふなと》、陸前高田、気仙沼《けせんぬま》の周辺で、津波が達した痕跡とその高さを、可能な限り多くの地点で測定・記載してまわった。このときはひたすら津波の痕跡高調査で、津波堆積物のことはほとんど意識の外だった。

四泊五日の緊急調査の最終日である四月二三日、気仙沼市の南方に位置する大谷《おおたに》海岸で痕跡高を測り終えて、ほかのメンバー三人は車へもどった。海岸までは、わずか一〇〇メートルほど。こういうとき、とくに意識するまでもなく海岸を通るのは、フィールドワーカーの習性、あるいは本能のようなものだと思う。

荒れ模様の、打ちつける波に洗われている海岸の、高さ二~三メートルほどの崖を見た瞬間、三・一一津波と同じような巨大な津波の履歴が地層となってのこされていることを直感した（写真1）。そして、わずか数分の観察で、過去五〇〇〇~六〇〇〇年のあいだにすくなくとも四~五回の巨大津波が運んだにちがいない津波堆積物がこの崖に露出していることを確信した。

急いでほかのメンバーを呼んだ。「津波堆積物とはこういうものなのですよ。ここは、過去数千年間の巨大津波履歴が記録されているすごいところだ」と、津波堆積物を専門としないほかのメンバーにあらましを説明した。

わたしのなかには、そのまま居のこって詳しい記載をしたいという気持ちも当然あったが、ここは抑えて出直すことにした。

この日も、横なぐりの冷たい雨が降っていた。

1　気仙沼・大谷海岸の津波堆積物

一か月後の五月下旬、必要な調査道具を整えて現地に出向いた。この時点になっても、宿泊できるところはほとんどない。わずかばかりの食料と水を用意して、現場の海岸にテントを張った。こうすることで、早朝から日没まで一日をフルに使うことができた。

周辺は、気仙沼郊外の、海辺に開かれた一〇戸あまりの新しい住宅地だったのだろう。津波で流されてしまった家々の土台だけがのこり、片づけの手はほとんど入っていない。

海食崖
海に面した急崖。海の波が沿岸陸地を侵食して生じる。高さは、一、二メートルのものから数十メートルのものまでさまざまある。

写真1　気仙沼の低い**海食崖**に露出した津波堆積物
上・中は2011年4月、下は同年5月の様子。上の写真はスケッチ（130ページ図2）の左半部、中・下は右半部にほぼ対応する。

無惨な光景が広がっていた。

まずは、海岸に面して津波堆積物の地層が露出している崖の表面を整形・クリーニングすることからはじめる。

スコップで粗削りして、ほぼ鉛直の〝壁面〟を出す。これは、力まかせの土木作業そのものだ。ついで、園芸・農作業用のねじりガマと切り出しナイフで、表面をていねいにクリーニングしていく。半日では終わらないこの作業をしているあいだに、「津波堆積物は何層あるのか」「それぞれどのような特徴があるのか」「年代を検討できる可能性はあるのか」など、たいていのことは判断をつけることができるし、記載のイメージもできてくる。「ああでもない、こうでもない」「そうか、そういうことか」などと独りごとをつぶやきながら、手を動かす。こうして整形・クリーニングした壁面は、横幅七メートル、高さ二〜四メートルになった。

次の作業は、壁面に縦横各五〇センチ間隔で竹串と爪楊枝を打ち、水糸を張って、グリッド（方眼）をつくることだ。画板にA2版の（雨天でも記入できる）プラスティック方眼紙を貼り、壁面の津波堆積物を描き写すスケールを一〇分の一とする。グリッドのひとつひとつをさらに細分しながら、メジャーをあてて記載をすすめる。このスケールなら、たとえば直径一〇センチの礫は図上では一センチだから、大きさだけでなく形態まで記載することができる。可能な限り正確に記載しなければならない。

礫の大きさや形態、地層の厚さといった、客観的な事象だけではない。若いころから積みあげてきた、事実記載に要する地層の専門的かつ基本的な知識・経験が総動員される。次々と脳裏に浮かんでくる解釈も、あわせて記していく。フィールドワーカーがもっとも集中・興奮する時間だ。ノートする時間がもどかしいほど頭がフル回転し、手がついていかない。このようにして記載した結果をそのまま示したのが、次ページ図2だ。

方眼紙上にスケッチ、記載したおもな事項を列挙しよう。

1　津波堆積物層は、全部で六層（Ts1～6）ある。

2　どの津波堆積物にも、粗大な海浜礫とともに、基盤岩石が破砕された角礫がふくまれている。この津波堆積物を現在の海浜にもどせば、すぐには海浜礫だと区別がつかないほど同じような組成を示す。

3　ただし、最上位のTs1は薄くて、粗大海浜礫もふくまれない。

4　津波堆積物と津波堆積物とのあいだは黒色の土壌で、厚さは一五～二〇センチくらい。Ts1とTs2のあいだは薄い。

5　最下部には特徴のある火山灰があり、十和田湖のカルデラ形成に関わった五四〇〇年前の火山灰（十和田中掫《ちゅうせり》火山灰。To-Cuと呼ばれる）の可能性が高い。

6　これらの津波堆積物、津波堆積物間の黒色土壌は、ゆるくかたむいて下がっていて、黒色土壌は湿原低地でできた泥炭層へと移り変わる。その泥炭層を覆っている部分では、津波堆積物5（Ts5）は厚く、かつ泥岩角礫が特徴的な顔つきを示す。

7　上から三番めの津波堆積物（Ts3）中に、素焼きの土器片がふくまれる。

8　上から六番め——つまり、最下位の津波堆積物層（Ts6）——は五四〇〇年前の火山灰層（To-Cu）より古いから、この場所では過去およそ六〇〇〇年のあいだに六回の巨大津波が襲来している。つまり、単純に平均すれば、一〇〇〇年ごということ

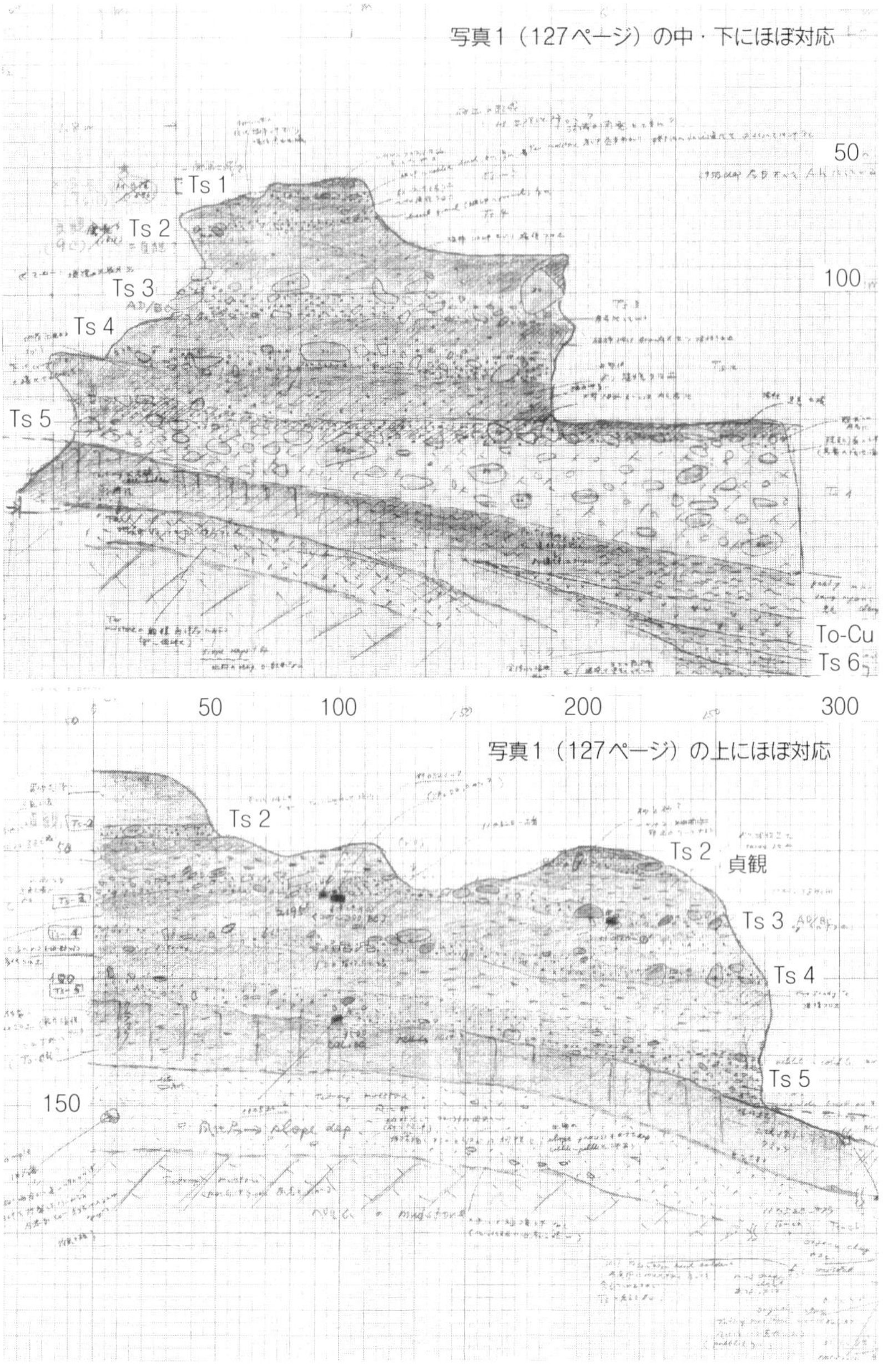

図2 気仙沼・大谷海岸の津波堆積物の現場スケッチ。向かって右部分（上）と左部分（下）

になる。

これらのほかにも、津波堆積物の壁面を前にして気づいたさまざまなことをノートしている。このノートこそが、あとの解釈、考察の際に、決定的に重要な意味をもつ。

わずか五日間の調査の最後の日に、このような巨大津波の痕跡、数千年の履歴が露出している現場に遭遇した。それは、運命的としかいいようのない、まさに〝遭遇〟だった。調査中はずっと、津波に命をうばわれた人たちの霊に見つめられ、見守られ、そして正確に記載することを期待されているように感じていた。

2　八六九年貞観津波堆積物の認定と、巨大津波履歴の検討

フィールドワークから帰った翌日、まず北海道大学（のちには東北歴史博物館）の考古学専門家に上から三番めの津波堆積物中の土器片を鑑定してもらい、弥生時代後期の二〇〇〇年前（つまり、紀元前後）ごろとの結果を得た。同じく、上から三番めと五番めの津波堆積物層中の炭片は、株式会社パレオ・ラボからの日本第四紀学会員への「災害履歴解明のための研究助成」に採用され、炭素14年代測定されることとなった。

しかし、わたし自身は次のように思っていた。

「気仙沼のこの海岸には、これよりないといえるほど〝完璧〟な巨大津波履歴の記録が、地層としてのこされている。若い研究者たちもすでに調査を開始していると聞いているので、だれかが気づくにちがいない。今後の津波堆積物研究の発展のためには、定年退職間

炭素14年代測定
放射性炭素年代測定。動植物を構成する炭素14は、死後は新しい炭素が補給されなくなるため、存在比率が下がりはじめる。この性質と、炭素14の半減期が五七三〇年であることに基づいて、（津波）堆積物にふくまれる有機物の年代を測定することができる。年代は、一九五〇年が起点。

際の老兵ではない次の世代が主体的に、ここを調査・研究すべきだ」

何人かの友人に気仙沼の重要性を伝えたのだが、一向に発見の情報はなかった。わたしは、もっぱら北海道太平洋沿岸の状況を観て歩いていた。

そうこうしているうちに、秋の歴史地震研究会や日本地震学会でのプログラムなどが公開され、わたしがエントリーしていた気仙沼の津波堆積物の発表のことがマスコミに広く知られるようになった。結果、八月末、九月、一一月、一二月と、くり返し現場へもどって何度も観察することになり、津波堆積物と〝格闘〟しなければならなくなった。調査範囲はどんどん広がって、下北《しもきた》半島の先端、三陸沿岸全域におよんでしまった。

超巨大地震にともなう地殻変動は、三陸沿岸域に地盤沈下をもたらした。崖には不断に波が打ちつけるようになり、四月、五月ごろの崖の壁面はどんどん削られて、海岸は後退していた。それでも、行くたびに新たな発見があった。一回の調査で、ていねいに、慎重に、あますところなく記載したなどと思うのはとんでもない過信で、重要な現場であればあるほど、くり返し観察することの重要性をあらためて思い知らされる。

その後にわかってきたことのおもな点には、次のようなものがあげられる。

1　決定的に重要な証拠として、上から二番めの津波堆積物層直上の黒色土壌層中に、西暦九一五年に十和田カルデラから飛んできた火山灰（十和田a。To-a火山灰と呼ばれる）がはっきりと肉眼で確認できた。

2　この火山灰層が飛来した直後ころの黒色土壌中に、須恵器《すえき》や土師器《はじき》の土器片が多く見つかり、九世紀後半から一〇世紀以降と鑑定された（宮城県東北歴史博物館を訪ねて、考古学の専門家に教えを乞うた）。また、貝殻の密集層――つまり、小規模な貝塚――が露出した（人がここで生活を営んでいたらしいことがわかった）。

3　年代測定の結果、上から三番めの津波堆積物中の炭片の年代は、二二〇〇年前ごろであることがわかった。

4　上から五番めの津波堆積物中の炭片の炭素14年代は三五〇〇年前ごろであった。

5　五番めと十和田起源の火山灰層（十和田中掫火山灰。To-Cu）とのあいだに、薄いけれどもう一層の津波堆積物があった（これをTs5'とした）。

ここまで多様な〝証拠〟が集まってくると、おおよその巨大津波履歴を組み立てることが可能になる。

まず、西暦九一五年の十和田火山灰（To-a）の直下のTs2は、八六九年の貞観津波が運んだ津波堆積物にちがいない。

最上位の津波堆積物（Ts1）は、歴史記録にのこされた一六一一年の慶長三陸津波か、一八九六年の明治三陸津波のいずれかであろうが、伊達藩領内で一八〇〇余名もの犠牲者があったと文書記録されている一六一一年の慶長三陸津波によって運ばれたと解釈するのがよさそうだ。

こうして、最初の調査からおよそ四か月後の八月末ごろには、これら歴史時代のふたつの津波と、より古い時代の津波履歴を、次のようにまとめるところまできた。

津波1（130ページ図2のTs1）　一六一一年、慶長三陸津波

津波2　八六九年、貞観津波
津波3　紀元前後（約二〇〇〇年前ごろ）。炭素14年代値によれば、二二〇〇年前ごろ
津波4　二四〇〇〜二五〇〇年前ごろ
津波5　三五〇〇年前ごろ
津波5'　四二〇〇年前または四九〇〇年前ごろ
津波6　To-Cuに先行する五五〇〇年前ごろ

ただし、津波5と津波5'の年代は、先行研究に依拠しての解釈であった。また、五四〇〇年前とされてきたTo-Cu火山灰は、年代値が補正され、最近では六三〇〇年前と修正されていることにも気づいた。だから、津波6はおよそ六五〇〇年前ごろになると考えたほうがいいこともわかる。

ともあれ、この崖の津波堆積物は、過去六千数百年間に六〜七回あった。単純に平均すれば、およそ一〇〇〇年に一回の津波を記録していることになる。

そうではあるが、もっとも現在に近い最上位の津波堆積物が慶長年間の一六一一年なら、それから四〇〇年しかたっていないし、同じく津波3と4のあいだも数百年の時間だ。三・一一津波が貞観時代以来の千年来の超巨大津波だというのなら、この問題をどう考えたらいいのだろうか。これについてはあとでまた考えてみよう。

さらに、ここで三陸沿岸に大きな津波災害をもたらした一八九六年の明治三陸津波、一九三三年の昭和三陸津波、そして一九六〇年のチリ地震津波による津波堆積物が記録されていないことは、事実としてだけでなく比較検討の観点からも重要だ。

3　絶妙な地形的位置――地形図を読む

気仙沼・大谷海岸は、三陸海岸を特徴づけるリアス海岸の入り江のひとつである気仙沼湾の湾口近くにあたる。その最奥部、北におよそ一〇キロ行ったところに、気仙沼市が位置している。

大谷海岸付近にはふたつの小さな丘があって、津波堆積物が露出した崖は、さしわたし二〇〇メートルかそこらの、標高二〇メートルに満たない、のっぺりした小丘の麓が波で削られたところにあたる。小丘は、内陸の山地縁から切り離されて直接海岸にのぞんでおり、河川による堆積や侵食がおよぶ可能性を考える必要がない。このような地形の理解は、調査中にもち歩いていた地形図（図3の左の地図）から現場でただちにできることだ。だが、のちに入手した一九一三年（大正二年）測図の旧版地形図からは、調査地点あたりは海側を向いた崖に沿って一〇メートルの等高線が走り、むしろ内陸側へゆるくかたむいて下がる地形であることが読みとれる。つまり、現在の海岸付近の地形は、大正期以降、部分的に人の手によって掘りこまれて水田化され、海岸へ通じる小さな

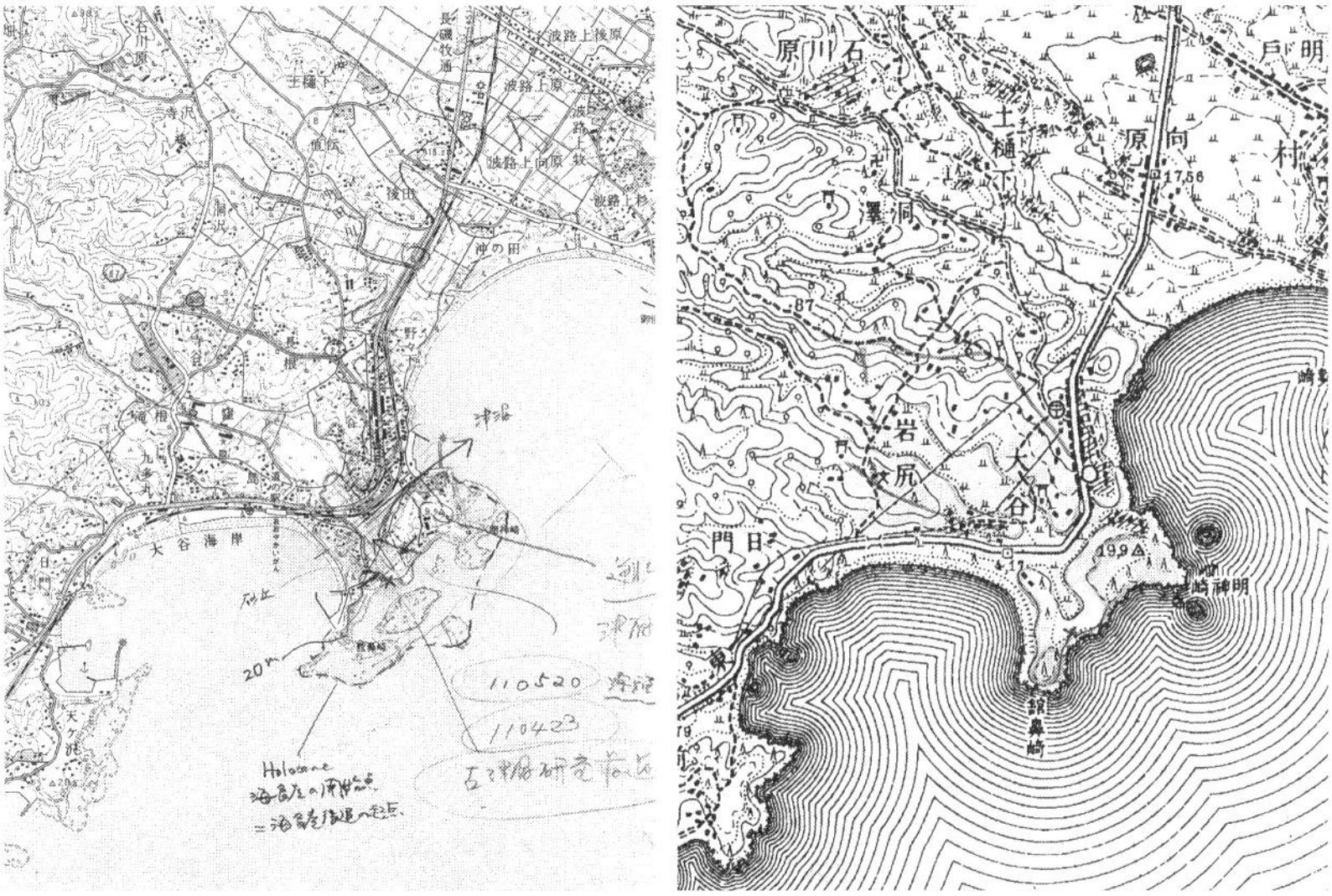

図3　気仙沼・大谷海岸周辺の新旧の地形図。現地調査にもち歩いた地形図（左）と比較検討に用いた大正2年測図の旧版地形図（右）。津波堆積物が露出した位置は、舘鼻崎《たてはなさき》北東の×印地点

谷になっている。しかし、大正期の旧版地形図からは、崖に露出している堆積物をもたらした津波は、高さ一〇メートルを越える崖を乗り越えたと判断できるのだった。

津波と津波のあいだの時間は、黒色土壌層が一〇〇〇年あたり厚さ一〇～二〇センチ――一年あたり〇・一ミリかそこら――のゆっくりした速さで安定して形成されてきたことも、きわめて重要な意味をもつ。津波間の地形変化が大きくて激しいと、場の条件が変わってしまって、それぞれの津波の浸水高の評価はむずかしくなるからだ。津波は、ごくまれに、ほとんど一瞬にしておもに海浜の砂や礫を陸上にもちこむ。それ以外の時間を通じてはたらき、土壌の発達や地形変化をもたらす作用の理解・評価も、津波堆積物と同等に肝腎なことなのだ。津波堆積物の調査・研究では、周辺をふくめて地形を読み、分析することが決定的に重要だといえよう。

Ⅱ　三・一一以前の津波堆積物調査・研究

――一九九八～二〇〇五年、北海道

東北地方の太平洋沖の日本海溝と同じく、北海道の太平洋沿岸は、千島海溝沿いで巨大地震がしばしば発生し、地震動とともに津波による被害を受けてきた。

二〇一一年三月一一日の東北地方太平洋沖津波に先立つ一三年前の一九九八年、思いがけないことから、それまで考えたことさえなかった津波堆積物の調査・研究を、ここではじめることになった。

1　きっかけ

一九九五年一月、淡路島から神戸にかけて活断層が動き、「阪神淡路大震災」をもたらす大地震が起きた。この震災以降、活動した淡路島の野島断層《のじまだんそう》を図示している学術図書『新編・日本の活断層』（東京大学出版会）も、「活断層」という専門用語も、広く一般に知られることとなった。阪神淡路大震災を契機に、一九八〇年の刊行以来重用されてきた『日本の活断層』『新編　日本の活断層』（一九九一年）を見直して、より精度の高い詳細な活断層アトラスを作成するとともに、若い活断層研究者を育てようという一〇名そこそこのグループ（代表は、東京大学の池田安隆准教授）の研究が、文科省科学研究費に採択された。毎月一回、二泊三日の合宿をおこなって、全国の活断層を再検討する空中写真判読・図化作業をすすめた（この成果は、二〇〇二年に『第四紀逆断層アトラス』（東京大学出版会）となって出版された）。

毎回、夕食後には懇親の会があり、集中を要する一日の仕事から解放されて、活断層や地殻変動に関わるさまざまな問題・課題をめぐって雑談・放談した。

一九九八年二月の会のとき、池田安隆氏が持論を述べた。水準測量からわかる日本列島にかかっている最近一〇〇年間くらいの歪み（ストレス）の大きさ（速さ）は、過去四〇〇年間の歴史地震から見積もられる歪み、さらに過去数千～万年、数十万年、数百万年間の歪みと比べて、著しく大きい。だから、日本列島にかかっているこの桁ちがいに大きい最近のストレスは、将来、日本海溝のプレート境界で発生する超巨大地震によって解放される――というシナリオだ。彼は、この超巨大地震を「ハルマゲドン地震」と呼んでいた。

ハルマゲドン地震を検証するのに、最適にしてほとんどこれしかないといえるのは、過去に超巨大地震が引き起こしたにちがいない超巨大津波の痕跡、つまり津波堆積物だという。

この話題に、わたしは瞬間的に反応した。というのは、北海道・十勝の太平洋に面する標高一〇メートルを越える海食崖《かいしょくがい》の上にあった――過去の巨大津波が運んだと確信し、観察・記載した――特異な地層のことを思い出したからだった。このときから二六年をさかのぼる一九七一年の調査・研究で見つけたものだ。そのことを話題にし、春になったら十勝の現場へ行くことにした。

2 奇縁、因縁

一九七一年三月、当時は修士課程の大学院生だったわたしは、十勝平野の地形発達史をテーマに修士論文の現地調査をはじめた。その初めてのフィールドワークの、まさに初日に、太平洋に面する大樹町《たいきちょう》・旭浜の標高一〇メートルを越える海食崖上に、海浜から運ばれたことを示す、まるくて扁平な礫が地層をなして堆積していることに気づいていた。そのときのフィールドノートには、スケッチとともに「津波が運んだにちがいない」と記している（研究テーマは津波や地震ではなかったし、それ以上にとくに興味を示すこともなく、ずっと放置していた。……というよりも、そこまで能力も経験も追いついていなかったというべきだろう）。

これには、さらに前段がある。わたしの指導教授だった故貝塚爽平先生（東京都立大学名誉教授）は、一九五四年に十勝平野を調査した結果をまとめた小さな論文のなかに、次のような注目すべき記述を脚注としてのこしていた。

> アイボシマ（引用者註・十勝太平洋岸の地名）付近の海食崖では、樽前《たるまえ》B統火山砂（引用者註・現在のTa-b）の直下に厚さ五センチ前後の薄い礫層がはさまれている。この礫層は、径五センチ以下の円礫よりなり、連続性がよい。この礫層が地形発達史上どのような意義をもつかは明らかにし得なかった。

わたしが初めて十勝へ調査に出かけるとき、貝塚先生は、この論文をもたせてくださった。先生の観察から一〇年後、やはり十勝平野を調査した野上道男氏（東京都立大学名誉教授）もこの礫層に気がついて、しかも「津波起源と解釈した」と、わたしのゼミ発表の際にコメントされた記憶がある。野上先生は当時、貝塚先生の助手で、わたしたちにとってよき兄貴分だった。

修士論文から四半世紀以上を経て、超巨大地震・津波堆積物について考えることになった。貝塚先生への学恩とともに、奇しき縁を強く感じる。

近年は、千島海溝の地震のようなプレート間の巨大地震の予知にとって、地震のくり返し性についての基本的知見が必要だと指摘されていたし、深い海溝での地震の発生時期は、陸上にもたらされた津波堆積物によって間接的に決めるのが有効だともいわれていた。わたしの津波堆積物研究は、このような恩師、研究仲間、北海道・十勝のフィールドに恵まれ、そして時宜（タイミング）もあってのことで、幸運、運命を感じるとともに、深い感謝の念を禁じ得ない。

3　北海道太平洋沿岸で培った、津波堆積物をねらうフィールド感覚

活断層研究の合宿から二か月後の一九九八年四月中旬、待ちかねたように十勝の海岸を調査した。冬のあいだに凍結した土壌は、まだとけきっていなかった。太平洋に面する急な崖上の地表面直下には、津波堆積物だと判断できる海浜起源の特徴がある砂と礫の地層が、あっけないほどかんたんに、しかも随所で見つかった。

それから半年ほどのあいだ、憑《つ》かれたように何度も調査に出かけた。そして、その年の秋にはすでに、日本地震学会学術大会で発表できるところまでデータが集まっていた。

その後も津波堆積物に熱中、夢中は続き、フィールドワークは二年間で十勝沿岸全域一〇〇キロほどにおよんだ。北海道ではフィールドシーズンが終わる二〇〇〇年の初冬のころ、つまりほぼ三年間で調査は根室まで広がって、観察・記載の数も二〇〇を越えた。さらに二年後の、ほぼ調査を終えてもいいところまできていた二〇〇二年末ごろには、記載地点数は四〇〇か所以上になっていた。

このフィールドワークをとおして、三・一一津波のあとに気仙沼で遭遇した津波堆積物と同じく、千島海溝からの過去の超巨大津波を評価・検討する基礎となる決定的な調査地点を、あらかじめ地形を読んだうえでねらえる感覚を得ていた。肝腎要の津波堆積物が露出している地点では、気仙沼でのスケッチと同じ方法で詳しい記載をのこしていた。

また、この調査・研究の過程で、津波、地震、活断層の研究を第一線で担っている重鎮

の皆さんが、海外の研究者もふくめて、遠い北海道十勝に、この津波堆積物を見にきてくださった。もったいないような感謝の思いが強かった。

Ⅲ　海食崖上の津波堆積物——超巨大津波を認識する

1　海岸の急崖の上にある海浜礫の意味

津波は、海岸の傾斜地では波高の数倍の高さにもなる。標高数十メートルにまでさかのぼっていくのは、めずらしいことではない。そして、さかのぼることができないほど切り立った崖では、崖の高さを越える大きさ（波高）の津波だけが内陸に侵入する。これを逆に考えると、切り立った海岸の崖の上に津波が達した痕跡（津波堆積物）があれば、その津波の規模（波高）がわかるということになる。

北海道の太平洋にのぞむ海岸線は、日高山脈東麓の広尾から十勝川の河口、さらに釧路へ向けて、一〇〇キロ以上にわたって直線的に伸びている。なかでも十勝では、海岸は三メートルから三〇メートルくらいまでさまざまな高さの、ほとんど垂直に近く切り立った崖・海食崖が続いている（写真2）。この崖で地層を調べていくと、標高一〇～一二メートルくらいまでならどこでも、地表面を覆う黒色土壌《こくしょくどじょう》層のなかに、過去に打ち上げられた海浜の砂やまるくて平たい礫が地層になっているのを確認することができる。

写真2　北海道十勝の太平洋に面する海食崖の地形

写真3は、わたしが一九七一年にはじめてフィールドワークした思い出深い十勝海岸の崖で見た津波堆積物だ。津波堆積物は一五〜一八メートルの崖の上でも確認されているから、それをもたらした津波は、すくなくとも一二メートル以上、場所によっては一五〜一八メートルを越えたところもあったと考えざるを得ない。さらにいえば、崖上で認められる津波堆積物の標高は津波が達した最小値であって、実際にはもっと高かったと考えなければならない。ようするに、高さの異なる海岸の急崖の地形は、津波の規模を評価する重要な〝鍵〟なのだ。わたしは、沿岸各地で得られた津波堆積物の高さを、地図上に記入していった（図4）。

144ページ図5は、十勝から根室にかけての海食崖や、段丘上でそれらの高さを決めた津波堆積物の観察・記載例だ。同ページ写真4の、根室半島の海食崖に露われている六五〇〇年間の津波堆積物も、ねらってアプローチした。予想をはるかにうわまわる、あまりの見事さにあっけにとられた記憶が、いまでも鮮明にのこっている。

2　津波堆積物を広域に追跡し、時期を決める〝鍵〟——火山灰

気仙沼では、八六九年の貞観津波を決める重要な根拠となるのが、直上の十和田カルデラ起源の火山灰To-aだった。六三〇〇年前の時間軸は、同じく十和田起源の火山灰To-Cuだった。

ここで、北海道でも津波堆積物を検討する際に決定的・絶対的ともいえるほど重要な役割を果たしている火山灰層について、メモしておこう。

十勝から根室にいたる沿岸地域には、それらを噴出した火山と噴火した年代がわかっている火山灰層がある。新しいものから、駒ヶ岳 c1（Ko–c1・一八五六年噴火）、樽前 a（Ta–a・一七三九年）、駒ヶ岳 c2（Ko–c2・一六九四年）、樽前 b（Ta–b・一六六七年）、白頭山苫《はくとうさんとま》小牧《こまい》（B–Tm・九四七年）、樽前 c（Ta–c・約二七〇〇〜二八〇〇年前）、駒ヶ岳 g（Ko–g・約六五〇〇年前?）である。火山灰層は、地点間、地域間の津波堆積物を追跡して同一視する（対比・同定する）だけでなく、おおよその年代を想定する際に非常に重要な役割を果たしている。これらの火山灰層がなければ、十勝―釧路―根室の津波堆積物研究は、多大な困難に直面したにちがいない。

写真3　低い海食崖に露出している津波堆積物（北海道十勝海岸、大樹町旭浜）

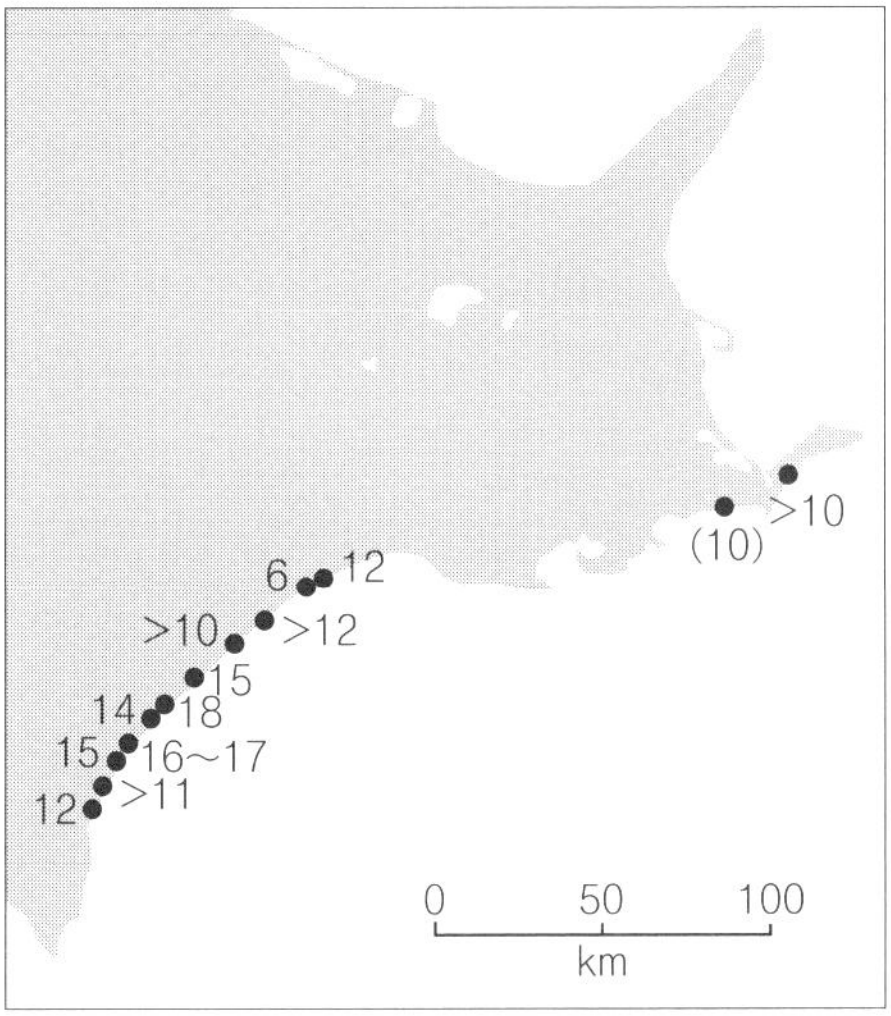

図4　北海道太平洋沿岸（十勝〜釧路〜根室）で17世紀初頭に発生した超巨大津波の堆積物が示す津波の高さ（m）

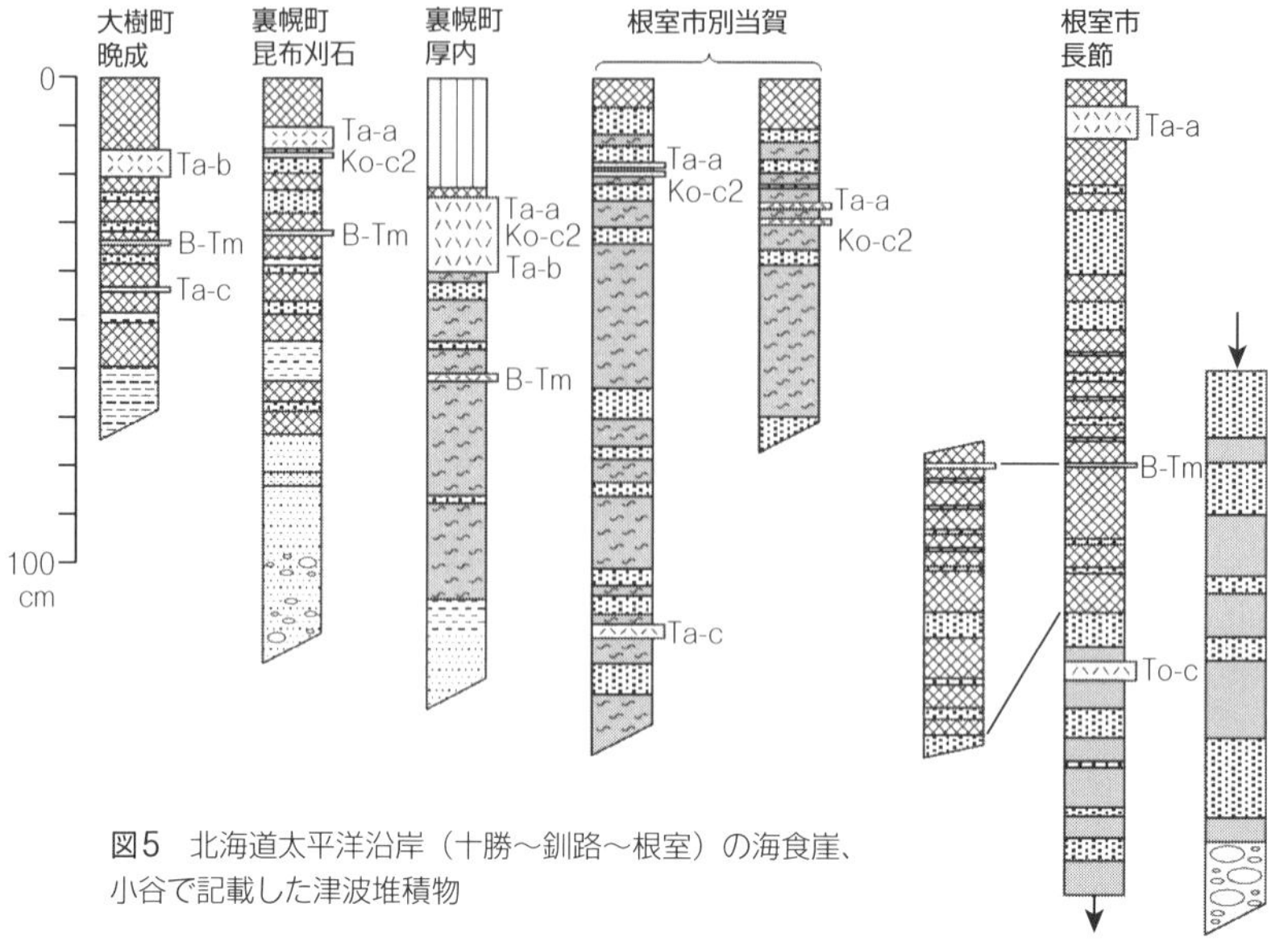

図5　北海道太平洋沿岸（十勝〜釧路〜根室）の海食崖、小谷で記載した津波堆積物

写真4　根室半島の海食崖に露出した津波堆積物の地層。明るい縞模様が津波堆積物層（うち1層は火山灰層）、黒色部は泥炭層

3　低湿地や小谷奥の津波堆積物
——沿岸の砂州、泥炭低湿地、丘陵の小谷の地形を利用する

津波の来襲を示す海から運ばれた砂や礫は、海岸の崖だけではなく、低地——とりわけ泥炭《でいたん》湿地——では海岸から数キロ内陸でも、丘陵地の小規模な谷では奥まった位置でさえも、何層も見つかった。たとえば、小さな川・当縁川《とうべりがわ》（大樹町）河口に広がる泥炭湿地では、河口から二・五キロの位置で、Ta－b～B－Tm火山灰間に二層の、B－Tm～Ta－c火山灰間に三層の津波堆積物層が、泥炭層中に容易に見つかる。

十勝から根室にかけての沿岸では、海岸をふちどるように標高五メートルほどの砂州の地形が発達し、その内陸側が泥炭低湿地ないしはラグーンになっているところが随所にある。この砂州は、一六六七年に噴火した樽前山火山から飛来した火山灰（Ta－b）だけでなく、それ以降に駒ヶ岳や樽前山から飛来した火山灰（Ko－c2・一六九四年、Ta－a・一七三九年、Ko－c1・一八五六年）に覆われていることが多い。この事実は重要で、すくなくともTa－b火山灰が降下した一六六七年以降に千島海溝沿いで生じたどの巨大地震も、砂州（標高四～五メートル）を越えて内陸へ達する津波を引き起こさなかったことを示している。逆にいえば、かつて砂州を乗り越えた津波ならば、あますことなく記録されるということでもある。つまり、沿岸砂州の地形は、津波が巨大であったかどうかを評価するのにも、それらの履歴を検討するのにも有効だということだ。さらに、湿地の泥炭層は炭素14年代を測定する試料にもなる。

このような十勝沿岸のほぼすべての低湿地において、泥炭層中に挟まれる砂層を、海岸

側から内陸へ向かって数十～一〇〇メートル程度の間隔で徹底的に追跡し、消失することを確認していった。こうした低湿地の調査でさえ、証拠を確実にするために、径一〇センチかそこらのボーリングなどで地層を抜きとるのではなく、幅数メートルほどの範囲を直接観察することにこだわった。津波堆積物は、側方一メートルを経ずして連続が断たれることはふつうにあるからだ。

低湿地でも、河岸には高さ一～三メートルくらいの低い崖が続いていることが多い。あるいは、泥炭湿原を排水・耕地化するために掘られた明渠の壁面もある。そこでは、スコップと腕力だけで適切な観察・記載範囲を削りだすことができる。この自然、人工の崖（壁）を利用しない手はない。

この調査によって、過去数千年間に発生した超巨大津波がどこまで内陸へ侵入したか、何層の津波堆積物として記録されているかを、しつこいほど追いかけた。津波は最大五～六キロ内陸まで津波堆積物を運んでいた。

たとえば、図6は十勝川河口沿岸の広大な泥炭湿地における例だ。この調査から、一六六七年のTa－b火山灰以降、現在までの約三五〇年間にはなかったような津波が、過去およそ四〇〇〇年のあいだに九回発生したこと、さらにTa－b火山灰（一

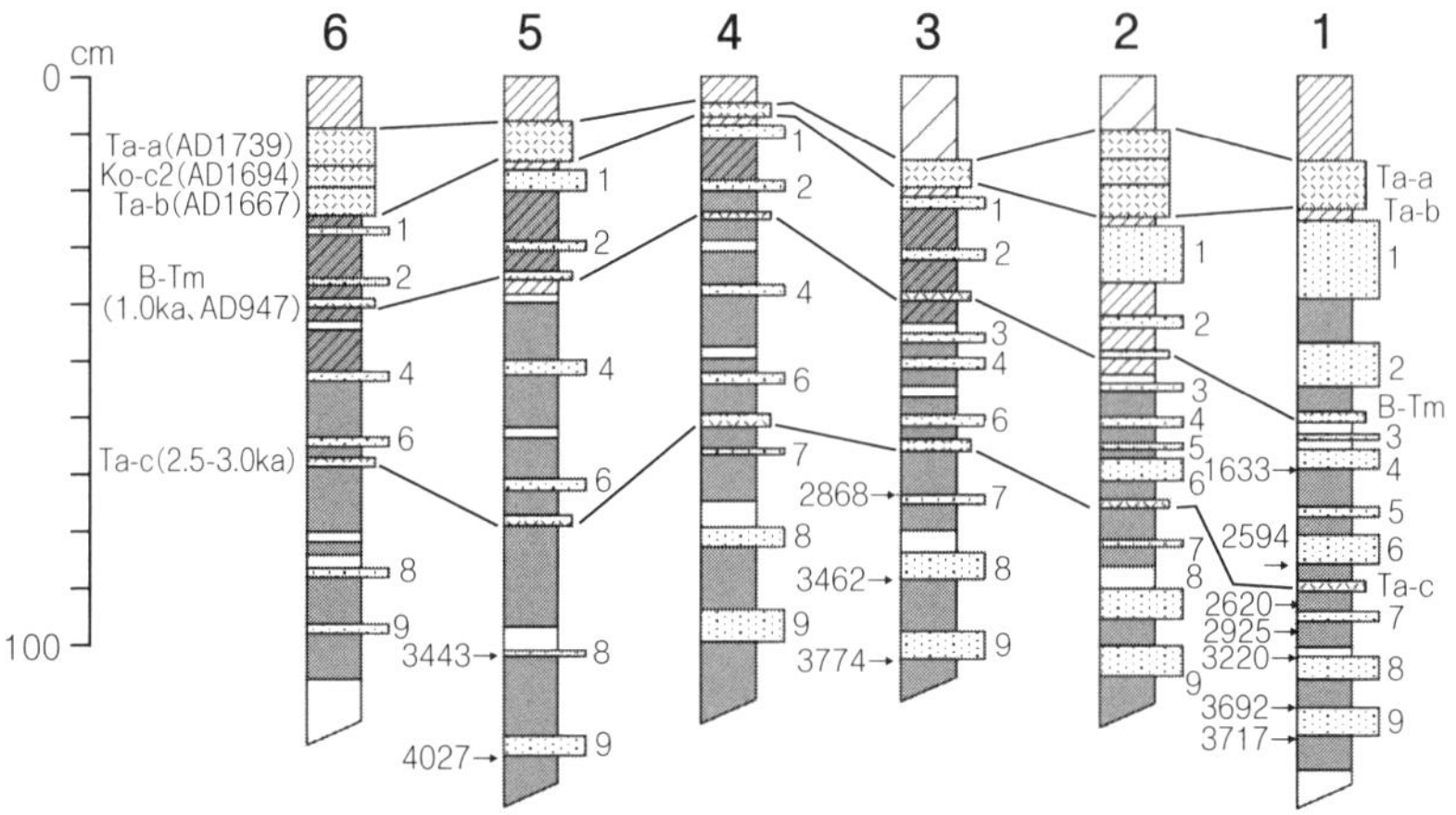

図6　十勝川河口泥炭湿地の津波堆積物（沿岸砂州の背後1から内陸6への追跡）
※図中の「ka」は、「×1000年前」の意

六六七年）からB-Tm火山灰（九四七年）のあいだに二回、B-Tm～Ta-c火山灰（二七〇〇～二八〇〇年前）間に四回だったことも確実になっていった。

この低湿地の調査ではさらに、内陸へ向かってまず津波堆積物5（二〇〇〇年前ごろ）が、次いで3（九世紀：貞観八六九年らしい）が、さらに7（二九〇〇年前ごろ）が認められなくなり、それらはほかの津波に比べて浸水距離が小さかったことも明らかにすることができた。

このような低湿地の調査とあわせて、海食崖や小谷奥のデータを比較しながら眺めると、十勝沿岸では津波1、2、4、6、8、9は、たしかにより高く、到達しにくいところにまで達していた。

4　北海道太平洋沿岸全域で考える

津波は、海水が高所へ、そして内陸深くまで浸水する現象だ。だから、海浜に面した高度の異なる段丘や関連する地形（凹部～小谷、緩斜面など）を利用して調査すれば、それらの地形上に達して異常な浸水高、遡上高をのこした巨大津波だけを識別できるという確信がもてるようなった。低湿地で、かつて侵入した津波を追うように内陸へ向かって堆積物を追跡し、複数の津波堆積物それぞれについて到達域を確定できれば、やはり津波の規模（浸水範囲）を知り、比較検討することが可能だ。この両方を組みあわせることよって、さらに巨大津波をあますことなく特定する精度が向上する。これが、十勝から根室にかけての太平洋沿岸の津波堆積物調査・研究から経験的に会得できたことだった。

このようにして得られたすべてのフィールドノートの記載に、くり返し何度も立ち返った。観察地点の地形条件のちがいを、十勝、釧路、根室それぞれの地域ごとに整理し、地域間の比較に熟慮を重ねた。炭素14年代測定も、いくつかの機関からの援助が得られる限り依頼し、たくさんの年代値を得た。その結果は、図7のようになった。この図では、年代や火山灰層との上下関係などから、十勝と根室にまたがって生じた津波と推定されるものを実線で結んだ。結んでない部分は、具体的な年代値が欠落しているところである(たとえば、十勝の津波5は、いまから約二〇〇〇前に起こったと推定できる。年代値がないため、一九三〇年前ごろに起こった根室の津波6と結んではいないが、同じ津波による可能性が大きい)。

こうして導いたさまざまな事実、解釈のうち、肝腎ないくつかの点をあげておく。

1　十勝では、巨大津波の堆積物は、一七世紀初頭、一二～一三世紀、九世紀ごろ、三～四世紀ごろ、紀元前後、さらに二五〇〇年前ごろ、二九〇〇年前ごろ、三二〇〇～三四〇〇年前ごろ、三七〇〇～三八〇〇年前ごろなどで、過去およそ六五〇〇年間に一五が確認できた。

2　根室では、一八層以上が確認された。津波堆積物を記録している海食崖の高さがやや低いため、より小規模な津波堆積物ものこされた可能性がある。あるいは、十勝とは異なる、北方領土沖を震源域とする津波も加わっている可能性も考慮に入れて考えるべきであろう。

3　これらのうち、すくなくとも一〇以上の津波堆積物は、同じ巨大津波によってもたらされたとみられる。

4　一七世紀初頭以降の最近四〇〇年間には来襲していない巨大な津波が、過去には十勝から根室におよぶ広範囲をくり返し襲っていた。

5　これらの巨大津波は、自然現象としては驚くべきたしかな再来間隔をもっていて、

十勝地域の津波				根室地域の津波
	発生時期（cal.B.P.）	再来間隔（年）	発生時期（cal.B.P.）	
津波 1	17 世紀初頭			津波 1
		400〜500		
津波 2	12〜13 世紀			津波 2
		300〜400		
津波 3	9 世紀			津波 3
		500		
津波 4	1630−（4 世紀？）		1430＋	津波 4
		（300＋）	?	津波 5
津波 5	AD/BC?		1930＋	津波 6
		（500＋）	?	津波 7、8
津波 6	2590−		2440＋	津波 9
		300＋		
津波 7	2870〜2920			津波 10
		400＋		津波 11
津波 8	3220〜3460		3340＋	津波 12
		400		
津波 9	3690〜3720		3830＋	津波 13
		500＋		
津波 10	4200＋		4300＋	津波 14
		300〜350		
津波 11	4580		4700＋	津波 15
		300		
津波 12	4860＋		4930＋	津波 16
		100		
津波 13	5000−		4980＋	津波 17
		>600		
津波 14	5640＋		?	津波 18
		600		
津波 15	6370−			

図7　北海道太平洋沿岸（十勝〜根室）の過去6500年間の巨大津波履歴、再来間隔

※「cal.B.P.」は、1950年を起点とした較正年代。現在より何年前かを示す。「暦年代」ともいう。

ほぼ三〇〇〜五〇〇年ごとに発生している。

6　したがって、次の超巨大津波も発生するにちがいない。

以上のように、十勝から根室に続く沿岸の過去約六五〇〇年間の巨大津波履歴は、調査・研究を開始して二〜三年ほどでほぼ明らかになった。

5　一九五二・二〇〇三年十勝沖地震・津波、二〇〇四年インド洋津波、そして〝五〇〇年間隔地震〟

このような調査結果がだんだんと知られるようになったことで、相応の反響も、具体的な動きもあった。

二〇〇〇年秋には、北海道防災会議が北海道太平洋沿岸の津波堆積物と超巨大津波をとりあげ、公開で討議した。二〇〇四年から二〇〇五年にかけて、内閣府中央防災会議の専門調査会は、北海道太平洋岸の千島海溝で発生する巨大津波をともなう地震を、おもに津波堆積物の分布データに基づいて「五〇〇年間隔地震」と命名するとともに、想定地震のひとつとして検討した。その検討がはじまる半年前の二〇〇三年九月二六日に十勝沖地震が、検討途次の二〇〇四年一二月二六日にはインドネシアでスマトラ地震が起こって、二〇万人もの人びとが津波の犠牲になった。スマトラ地震を予告するかのように、「ハルマゲドン地震は起こるか　巨大地震・巨大津波を発掘する」という刺激的なタイトルでシンポジウムも開かれ、わたしは北海道の津波堆積物について報告した（二〇〇三年六月、東京大学地震研究所)。

二〇〇三年の十勝沖地震(マグニチュード八・〇)による津波は、襟裳岬《えりもみさき》東岸、十勝海岸で局所的に最大約四メートル程度、道東では二メートル程度であった。わたしは、いてもたってもおられず、地震が起こったその日のうちに実況検分の調査に向かった。津波は、港湾の埋め立て地をのぞけば、ビーチの範囲を越えることはなかった。一九五二年の十勝沖地震(マグニチュード八・二)のときには、津波は、釧路東方から霧多布《きりたっぷ》(浜中町)周辺ではやや大きく遡上し、霧多布では海に漂っていた流氷をともないながら沿岸の砂州を越えて湿原へ流入したところもあった。これらふたつの地震、津波の様相は、大局的にはよく似ている。

十勝から釧路、根室にかけて広範囲かつ高所にまで分布する過去の「五〇〇年間隔地震」の津波堆積物は、一九五二年、二〇〇三年津波とは比較にならないほど大規模であったことを証明し、十勝沖の千島海溝沿いで発生してきた近年のマグニチュード八クラスの地震とは異なる超巨大地震・津波を想定せざるを得ないことを明確に示している。この意味で、近年の一九五二・二〇〇三年十勝沖地震・津波は重要で、まさに〝現在は過去の鍵〟なのである。

それでは、十勝から根室地方にかけて超巨大津波をもたらす「五〇〇年間隔地震」とは、どのような地震なのだろうか? 海食崖上の津波堆積物の高さを説明できる数値計算の結果から導かれた結論として、「ふつうは数十年〜一〇〇年程度の間隔をおいて十勝沖、根室沖でそれぞれ発生する巨大地震が、数百年に一度連動するために起こる」ものだといわれている。その地震の規模は、計算上はマグニチュード八・六と決められた。しかし、十勝沖から根室沖を越えて、さらに色丹島《しこたんとう》沖までをすべてあわせても、延長距離はせいぜい四〇〇キロであり、このたびの三・一一津波をひき起こした震源域の広さや、インド洋津波を発生させたスマトラ地震の破壊延長一二〇〇キロには、はるかにおよばない。この想定で、ほんとうにいいのだろうか？

地球の営みは、人智をはるかに超える〝大事件〟をもたらす。スマトラ島沖の巨大地震とインド洋津波は、そうした例のひとつにちがいない。

このインド洋津波は、そのとき、わたしには遠いインドネシアやインド洋での出来事とは思えなかった。なぜか？ それは、北海道の太平洋沿岸には、まさにインド洋津波を彷《ほう》彿《ふつ》とさせる〝超〟巨大津波が過去数千年間にわたって数百年ごとにくり返し襲来した痕跡が、津波堆積物としてのこっているからであった。にもかかわらず、このたびの三・一一津波の発生後まで、これほど重大な知見をほとんど個人研究の興味の範囲内にとどめてしまったのは痛恨の極みで、研究者としては批難・叱責のそしりを免れ得ないと痛切に思うようになった。

Ⅳ 超巨大津波の認識、関連する諸問題
――北海道（千島海溝）から東北・三陸（日本海溝）までを全体として考える

三・一一津波の浸水、遡上は、三陸地方だけでなく、房総半島や北海道の太平洋沿岸にいたる広範囲におよんだ。この事実は、逆に、千島海溝を波源とする超巨大津波は、十勝から根室にかけての沿岸だけでなく、三陸沿岸にまで広く伝播したと考えるべきことを示す。この観点に立って、あらためて津波堆積物を考えてみた。再三再四フィールドノートを見直す日々がつづいた。

1 「気仙沼の発見」以降

「気仙沼の発見」と勝手に自称している津波堆積物について、二〇一一年四月下旬に記載した後、放置していたが、八月末以降になると広く知られるようになった。そうなると、研究者の精神として気仙沼だけですむはずはなく、宮古・田老の周辺、陸中野田村、青森県境に近い洋野町《ひろのちょう》、ついには下北半島の北端に近い東通村《ひがしどおりむら》まで、津波堆積物を探して、観て（記載して）、考えることになった。最大の関心は、「二〇一一年三月一一日のような超巨大津波は、過去数千年の時間と、三陸から北海道太平洋沿岸にわたる空間のなかで考えるなら、どのように理解できるだろうか」ということにあった。まず一六一一年の慶長三陸津波堆積物と八六九年の貞観津波堆積物を気仙沼から、一七世紀五〇〇年間隔津波堆

積物を北海道から、それぞれ追跡しようと思った。

気仙沼や、十勝から根室にかけてと同様に、三陸各地の海食崖あるいは丘陵の小さな谷や斜面に露出する津波堆積物が、それまで以上に容易に見つかった。それは、三・一一津波の痕跡が生々しくのこっているので、過去の超巨大津波もよく似た挙動だったにちがいないと類推できたからでもあった。かなり口はばったいいいかたになってしまうが、もし自分が津波だったら（と擬人化して）、沿岸に達して海浜の砂礫をさらい、地形に応じて津波堆積物としてのこす場所は、決まっている——そんな感覚を得たように思うことさえあった。地形図で地形を読んでねらって行った先々のそれほど多くの場所に、津波堆積物はあった。いずれも、特徴ある地形条件、海浜条件を備えていた。現地でいっしょに調査・観察した専門家の友人たちから、「（この調査センスはすごい）眼から鱗が何枚も落ちた」と感心されたこともあった。

以下に、それらのうち炭素14年代値も得られた重要な地点の津波履歴を、解釈もふくめて結果だけ示しておこう。ただし、地形の条件と露出状況に制約されるので、記載可能な津波堆積物層の数は場所ごとに異なる。とりわけ紀元前くらいの年代になると、一〇〇年単位は誤差の範囲だ（なお、これらの調査やデータは二〇一二年以降も続けてきた最新の結果であり、二〇一一年一二月時点でまとめた162ページの図8にはまだ反映されていない）。

▼岩手県宮古市田老町周辺の小谷（気仙沼の北方約一一〇キロ）①一六一一年慶長三陸、②八六九年貞観、③三～四世紀？（未測定）、④紀元前後、④二二〇〇～二四〇〇年前、⑤二八〇〇～二九〇〇年前、⑥三五〇〇年前ごろ、⑦年代未測定の津波堆積物層——まだ下限に達していない。

▼岩手県陸中野田村の海食崖～斜面（田老の北方三五キロ、写真5）①一八九六年明治三陸、②一六一一年慶長三陸、③八六九年貞観、④三～四世紀ごろ、⑤紀元前後、⑥二五〇〇～二六〇〇年前ごろ、⑦三〇〇〇年前ごろ、⑧三四〇〇年前ごろ、⑨四〇〇〇年前ごろ、⑩四五〇〇年前ごろ、⑪未測定津波、⑫六〇〇〇年前ごろ、（To-Cu火山灰）、⑬六四〇〇年前ごろ、⑭もう一層津波堆積物――ここでは、過去およそ六五〇〇年間の全巨大津波を記録している。

▼岩手県洋野町の海食崖（野田村の北方四〇キロ）①一六一一年慶長三陸、②一四～一五世紀ごろ?、③一二～一三世紀ごろ、（To-a火山灰）、④八六九年貞観、⑤三～四世紀?、⑥紀元前後、⑦二五〇〇年前ごろ?、⑧三五〇〇年前ごろ?、⑨四〇〇〇年前ごろ?

▼青森県下北・東通村の沿岸泥炭湿地（野田村の北方九〇キロ、気仙沼から約二七〇キロ）①一八九六年明治三陸、②一六一一年慶長、③④相対的に小規模な二つの津波堆積物層、⑤一二～一三世紀津波?、（B-Tm火山灰）、⑥八六九年貞観――表層近くの歴史時代のみ。

北からも南からも津波堆積物を追いかけてわかってきたことのうち、以下の三点にはとくに眼をつけた。

1　一六一一年慶長三陸津波、八六九年貞観津波は、どこでも確認できたこと（そのいっぽうで、一八九六年明治三陸津波の堆積物は陸中野田村と東通村でしか確認できず、昭和

写真5　岩手県陸中野田村の海食崖の津波堆積物を掘り出している様子。時間の余裕がないときには、このように溝状に削る

三陸津波の堆積物はどこにもない)。

2　気仙沼にはない、一二~一三世紀ごろ、三~四世紀ごろなどの津波堆積物が、陸中の宮古あるいは野田村から北では認められるようになること(これらふたつの津波堆積物は北海道太平洋沿岸に広く分布し、とりわけ前者は噴火湾奥でも見つかっている)。

3　津波堆積物の数も、陸中以北で多いこと、北海道太平洋沿岸と共通するように見えること。

これらの事実にはどんな意味があるのだろうか?

2　一六一一年慶長三陸津波=五〇〇年間隔津波、八六九年貞観津波

一六一一年慶長三陸津波

じつは、十勝で津波堆積物の調査をはじめて間もなくの一九九九年、一六六七年噴火のTa-b火山灰直下の津波堆積物――つまり、最新の「五〇〇年間隔津波」――は、一六一一年の慶長三陸津波が北海道太平洋沿岸に襲来したものではないかという解釈・仮説を、日本地震学会で研究発表したことがあった。ただし、この解釈には無理があった。それは、十勝から根室にかけての北海道太平洋沿岸では、一五メートルの海食崖を越えるような超巨大津波を想定せざるを得ないのに、発生源に近い三陸沿岸の、津波堆積物あるいは津波高の痕跡追跡データがほとんどないからだった。

一六一一年に起こった慶長三陸地震は三陸沿岸各地での揺れが小さく、さらに津波は地

震後四時間を経て襲来しており、「謎が多い」とされてきた。しかし、この地震が北海道太平洋沖の千島海溝で発生し、三陸沿岸へ伝播したものだとすれば、これらの矛盾は説明可能になる。三・一一津波は、道東では地震後数時間を経て最大波が到達したところが何か所もあったが、この逆の現象という理解だ。

気仙沼以北の三陸各地では、巨大津波履歴のなかに、確実に慶長三陸津波の堆積物があることが、はっきりしている。この津波は、どうやら北海道太平洋沖の千島海溝で発生したと推定・仮定できる。むしろ、そう考えるほうが矛盾がすくないといえるだろう。

それはすなわち、一六一一年の慶長三陸津波と、北海道太平洋沿岸で一七世紀初頭に発生した「五〇〇年間隔津波」は同じものだったという可能性が、がぜん大きくなったということだ。そうであれば、このたびの三・一一地震は、一六一一年の慶長三陸地震以降四〇〇年を経て発生したけれども、八六九年に起きた貞観地震以来の超巨大地震だという考えが成り立つ（ついでにいってしまえば、気仙沼では津波3と4のあいだも数百年の時間だ。この場合も、津波4に先行するよそからの津波襲来を想定できるのではなかろうか）。

この問題には、まだ続きがある。

わたしは、二〇〇一年の秋にはすでに、日高から噴火湾沿岸にかけて、いくらかの津波堆積物調査をやっていた。とりわけ噴火湾最奥部に位置する森町《もりまち》の海食崖で、一七世紀初頭の津波堆積物など数層を確認・記載していた。ここには、一六四〇年噴火の渡島駒《おしまこま》ヶ《が》岳《たけ》の火山灰の下に、わずかな土壌（時間間隙）をともなって津波堆積物があり、それは北海道の「一七世紀五〇〇年間隔津波（いまとなっては一六一一年慶長三陸津波）」がもたらしたとする以外に候補がないことも、理解・認識していた。なお、この海食崖では、一二～一三世紀ごろの津波堆積物層はあるが、八六九年の貞観津波や道東の三〜四世紀津波にあたる津波堆積物は欠けていることも、たしかめることができた。このような記載は、そのときには事実の記載にすぎないが、あとになって思わぬ展開をしたり、重大な意味をもってきたりする。

さらに、余談ですませるわけにはいかないのは、「一六一一年の慶長三陸津波は、千島海溝発の一七世紀五〇〇年間隔津波」だという考えについて、まだ〝研究者の性〟でためらっているわたしを鼓舞してくれたふたりの優秀なテレビ番組ディレクター、敏腕新聞記者がいたということで、ここにこうして書きのこしておきたい。これも、恵まれた〝縁〟なのだと思う。

もうひとつの問題

加えて、重大な問題を見逃していたことを書いておかねばならない。十勝から釧路、根室にかけての津波堆積物の高さ、分布を説明するために想定された地震(マグニチュード八・六)では、計算上は噴火湾奥の森町には大きな津波は到達しなかった。森町の海食崖に露出している津波堆積物を説明可能な計算(モデル)で求めると、想定される地震はマグニチュード八・六より大きくなるにちがいない。そうなると、三陸各地の津波堆積物のすべてを説明できる「五〇〇年間隔地震・津波」は、再検討が必要になる。

じつは、その検討は三・一一津波の事後になされている。二〇一二年六月に公表された北海道地震委員会・津波ワーキンググループの報告によれば、このときの地震はマグニチュード九を越えていた。津波堆積物からみると、これはけっして大げさな〝脅し〟ではない。

八六九年貞観津波

八六九年の貞観津波堆積物を認定する重要な鍵は、To－a火山灰（九一五年）がすぐ上にあることだ。貞観津波堆積物は、陸中（宮古）でも陸奥（洋野、下北）でも確実に追跡することができた。北海道では、この津波が運んだと考えるべき津波堆積物が、B－Tm火山灰（九四七年）の直下にあった。

津波堆積物は、十勝から根室まで広域にわたって確認することができる。だが、沿岸の低湿地では、分布は相対的に海岸から近い範囲だった。高い海食崖や小谷の奥では欠けることが多い。さらに、噴火湾奥の海食崖でも見つからなかった。つまり、一七世紀五〇〇年間隔津波のようにとてつもなく超巨大なものではなく、ひとまわり小ぶりな津波によるというイメージを、当初から抱いていた。小ぶりなのに、十勝から根室まで追跡することができた。このB－Tm火山灰直下の津波堆積物こそが八六九年貞観津波を示すとすることに、さしさわりは何もない。三・一一津波の浸水、遡上は、北海道太平洋沿岸でも最大六～七メートル、随所で四～五メートルを越えた。防潮設備がなければ、津波が遡上・浸水した低地は相当に広かったにちがいない。津波堆積物から想像できる北海道沿岸での貞観津波の挙動は、まさに三・一一津波の前例そのものだったといい得るのではなかろうか。あるいは、貞観津波のほうがやや大きかったかもしれない。地震（津波）を起こした領域が、三・一一地震のそれよりもやや北に広がっていたのかもしれない。想像は自由だ。

三・一一津波以前に、貞観時代の巨大津波によると認識されていた津波堆積物は、仙台平野（およびやや以南まで）と石巻平野に限られていた。この津波堆積物の分布を説明できる地震は、計算上はマグニチュード八・四とされていた。北海道沿岸でも貞観津波の可能性をきちんと考えていたらとまではいわないが、せめて気仙沼、さらに宮古、野田村、洋野町あたりまで、三・一一津波以前に海食崖や斜面で貞観津波堆積物を確認していたら、貞観時代にはマグニチュード九クラスの地震が発生していたことを強調できたにちがいないと、つくづく思い知らされている。

3　北海道と三陸の双方向から、津波堆積物をすべて見直す

以上のような検討を重ねると、あらためて考えるまでもなく、超巨大津波なら、北海道沖の千島海溝あるいは東北沖の日本海溝起源の超巨大津波が、北海道沿岸あるいは三陸沿岸にとどまる必要はない。それどころか、相互に襲来してきたと想定するほうが自然ではなかろうか。三・一一津波はそのとおりの挙動を示したし、八六九年の貞観津波も、陸中から陸奥沿岸にかけてだけでなく、北海道の太平洋沿岸一帯に襲来して多くのアイヌの人びとを犠牲にし、津波堆積物をのこしていた。「北海道沖の一七世紀五〇〇年間隔津波は、三陸沿岸に達していた」と想定すべき津波堆積物が広範囲にのこされ、一六一一年の慶長三陸津波と同じものだったと解釈すべき現象が多い。宮古や野田村あたりの陸中以北と北海道沿岸で過去六五〇〇年間の巨大津波の堆積物が十数層にもなるのは、双方向に巨大津波が襲来するということだろう。

根室・釧路、十勝から日高沿岸、噴火湾周辺をふくめて、陸奥、陸中、陸前（気仙沼、

さらにそれ以南）にいたる千島海溝—日本海溝沿岸域で調査・記載してきた津波堆積物の全部について、縦軸に津波堆積物の年代、横軸に重要な観察地点をとって、それぞれの津波堆積物のデータ全部を書きこんでみた。時間—空間（地域）ダイアグラムの作成作業だ。その結果が次ページの図8である。このダイアグラムを見ていると、超巨大津波への解釈どころか、想像をとび越えて〝空想、妄想〟の世界にまでおよんだ。

記載した場所の多様な地形的条件（標高や海岸からの距離、低湿地、段丘の地形や小谷の奥など）によって、二〇〇年程度から数百年、さらに一〇〇〇年以上の再来間隔を示す超巨大津波だけが選別され、記録されているのであって、この事実こそが重要なのだと確信できる。

東北地方太平洋沖地震が起こった二〇一一年の一二月ごろまでに整理できた図8を眺めながら、事実認識、解釈・仮定などをまとめて雑誌「科学」（岩波書店）に書いた。その後の調査や新たに得られた炭素14年代値に基づいて多少の修正、削除をほどこした。ただし、154ページの宮古の記載は図8のC宮古とは異なる、新たな調査地点からのデータである。以下は、その要点の再録である（ここまでの記述とダブっているところもある。また、こみいった記載を避けるために、ここまで記述しなかった項目もふくまれている。専門学術誌論文ではないけれども、文章表現はやや固い。掲載された二〇一二年二月号は全国各地で売り切れて入手困難になるほど反響は大きかった）。

1　三・一一津波は、北海道の太平洋沿岸でも三〜四メートルの津波高（浸水高）になり、場所によっては五〜六メートル以上の高さまで遡上した。防潮堤がないところ

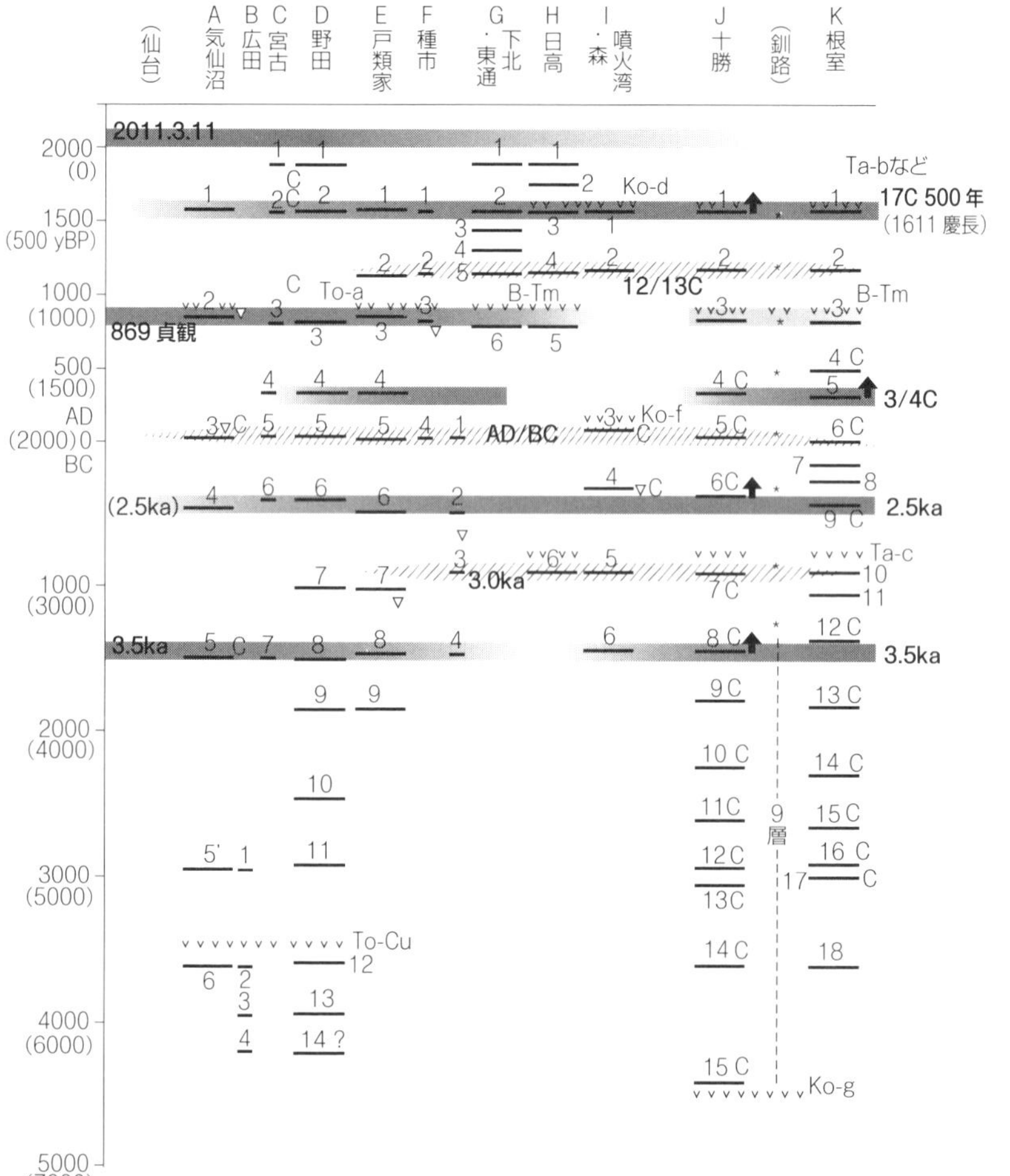

図8　津波堆積物に基づく東北地方〜北海道太平洋沖の日本海溝および千島海溝を起源とする超巨大津波の時間—空間（地域）ダイアグラム

A〜Kは主要な調査位置。短横線と数字：調査地点ごとの津波堆積物と上からの順番。太字の表示：同時に生じた超巨大津波の堆積物の分布域、伝播の方向および仮の名称。To-Cu：十和田中掫《ちゅうせり》火山灰・5400年前（6300年前に補正される）。Ta-c：樽前c火山灰・2700〜2800年前。Ko-f：駒ヶ岳F火山灰・1700〜1800年前。To-a：十和田a火山灰・AD915年。B-Tm：白頭山苫小牧火山灰・AD947年。Ko-d：駒ヶ岳d火山灰・AD1640年。Ta-b：樽前b火山灰・AD1667年。Ko-g：駒ヶ岳g火山灰・6400年前。以上、火山灰はvで表示、Ta-b、Ta-c、Ko-gの絶対年代は、従来の年代値とは異なっているかもしれないが、北海道の古津波堆積物の研究の過程で、多くの炭素14年代値（Cで表示）を得るなかで決めた値。釧路の＊は他の研究から引用。▽は土器片産出層準。上向き太矢印は、突発的隆起を示す堆積環境および地形の証拠。

（たとえば、釧路市や厚岸町《あっけしちょう》の港湾周辺）ではかなり広範囲に浸水し、自然の地形条件下であれば、多少とも内陸にまで浸水して津波堆積物をのこしたであろう。

2　八六九年貞観津波は、三陸沿岸全域だけでなく十勝沿岸にまで達し、低湿地の一部にまで遡上して堆積物（十勝の津波堆積物3）をのこした。

3　一六一一年慶長三陸津波、あるいは北海道の一七世紀五〇〇年間隔津波は、日高沿岸および噴火湾沿岸でも標高五〜七メートル、内陸一〜二キロまで浸水させる、超巨大津波であった。異なる津波とされてきたこれらふたつの津波は、①三陸から日高にかけておよび噴火湾沿岸並びに北海道太平洋沿岸のどこにも、一七世紀初頭の短期間にふたつの巨大津波が相次いで発生したことを示す津波堆積物は認められないという事実があること、②津波堆積物が示す遡上・津波高が根室から十勝で高く、一五メートル以上に達すること、③十勝から根室にかけては、突発的な地殻変動（隆起）をともなって、ラグーンを閉塞する沿岸砂州を成立させたこと——から、じつは千島海溝を波源とする一七世紀初頭の超巨大津波によってもたらされたものと考えても矛盾はない。

根室から十勝にかけての津波堆積物に基づく従来の一七世紀五〇〇年間隔津波のモデルでは、津波は噴火湾や日高沿岸ではきわめて小規模（森町では、津波高は一・八メートル程度）で、現実の津波堆積物分布を説明できないのは明らかである。この津波を発生させた地震は、十勝沖と根室沖の震源域が連動したためとされ、マグニチュード八・六が想定されている。一七世紀五〇〇年間隔津波と一六一一年の慶長三陸津波が、北海道太平洋沖の千島海溝の同じ地震によってひき起こされた場合には、その震源域はこれまでの十勝沖から根室沖にかけての震源域連動をはるかに越える規模になり、マグニチュード九クラスの地震を想定することになるだろう。

4　二五〇〇年前ごろに発生した津波は、やはり十勝沿岸のラグーンを閉塞する砂州の地形変化によって示される地殻変動（突発的な隆起）をともなった。また、釧路湿原の泥炭の発達範囲を決定づける海岸砂州の隆起をともなった。このことから、この巨大津波は、北海道太平洋沖の千島海溝が波源であった可能性が大きい。しかし、気仙沼でも、津波堆積物4が同年代を示す。同じ津波によるとみられる堆積物が三陸全域に分布していることから、これらの津波堆積物の波源（震源）は、陸前から陸中地域にかけてもあり、短期間に北海道と東北地方で相次いで巨大地震が発生した可能性があることも、仮説としてのこしておく。

5　一二～一三世紀ごろ、紀元前後、および三〇〇〇年前ごろの年代を示す津波堆積物は、日高沿岸、噴火湾の最奥部にまで達するとともに、三陸や、十勝から根室地方の太平洋沿岸域にかけても広く浸水し、高所にまで遡上した。このような津波堆積物分布をもたらすのは、三陸中部から北部一帯（下北半島沖におよぶ範囲）に波源域があった可能性を想定することで、もっともよく理解・解釈することが可能だ。

6　三五〇〇年前ごろの津波堆積物は、十勝から根釧《こんせん》地方の太平洋沿岸（十勝の8、根室の12）では、すべての津波堆積物のなかで最大規模に近い津波高、遡上高を記録している。気仙沼（津波堆積物5）でも、特徴的な顔つきの津波堆積物となっている。二五〇〇年前ごろの津波と同様に、三陸地方と北海道でほとんど同時期に、それぞれに巨大地震が発生した可能性を考えておく。

7　これらのほかに、三〜四世紀ごろの十勝沿岸の津波堆積物4、根室の津波堆積物5は、浸水高、遡上高ともに最大規模であるいっぽうで、日高沿岸には達してない。しかし、青森県境に近い岩手県洋野町、さらに陸中野田村から宮古にまで達した可能性が大きい（154〜155ページの記載を参照）。これは、根室沖から色丹島沖にかけての千島海溝に波源を求めるのが適当であろう。

8　超巨大津波によると目される堆積物が示す再来間隔は、いくつかの波源域から相互に伝播した可能性が強いことから、各地のデータがそのまま巨大地震の再来間隔を示すことにはならない。たとえば、北海道太平洋沿岸の五〇〇年間隔津波は、五〇〇年ごとの千島海溝での巨大地震発生を意味するわけではない。

4　千島海溝・日本海溝の超巨大津波の意味
——波源域、再来間隔、地震規模、スーパーサイクル

上記の整理から導かれる、過去およそ三五〇〇年間に千島海溝から日本海溝にかけて発生してきた超巨大津波の意味するところは、以下のようにまとめられる。

1　北海道の太平洋側から東北地方の三陸沿岸域に超巨大津波をもたらしてきた波源域（津波発生断層領域）は、次ページ図9に示すように①常磐—陸前—陸中沖、②陸中—陸奥（下北）沖、③襟裳岬—十勝—根釧沖（さらに④根室沖—色丹島沖以東）にわけることにより、津波堆積物の分布をもっとも合理的に説明することができる。

2　それぞれを波源域とする過去三五〇〇年間の巨大津波から、再来間隔は、波源域①

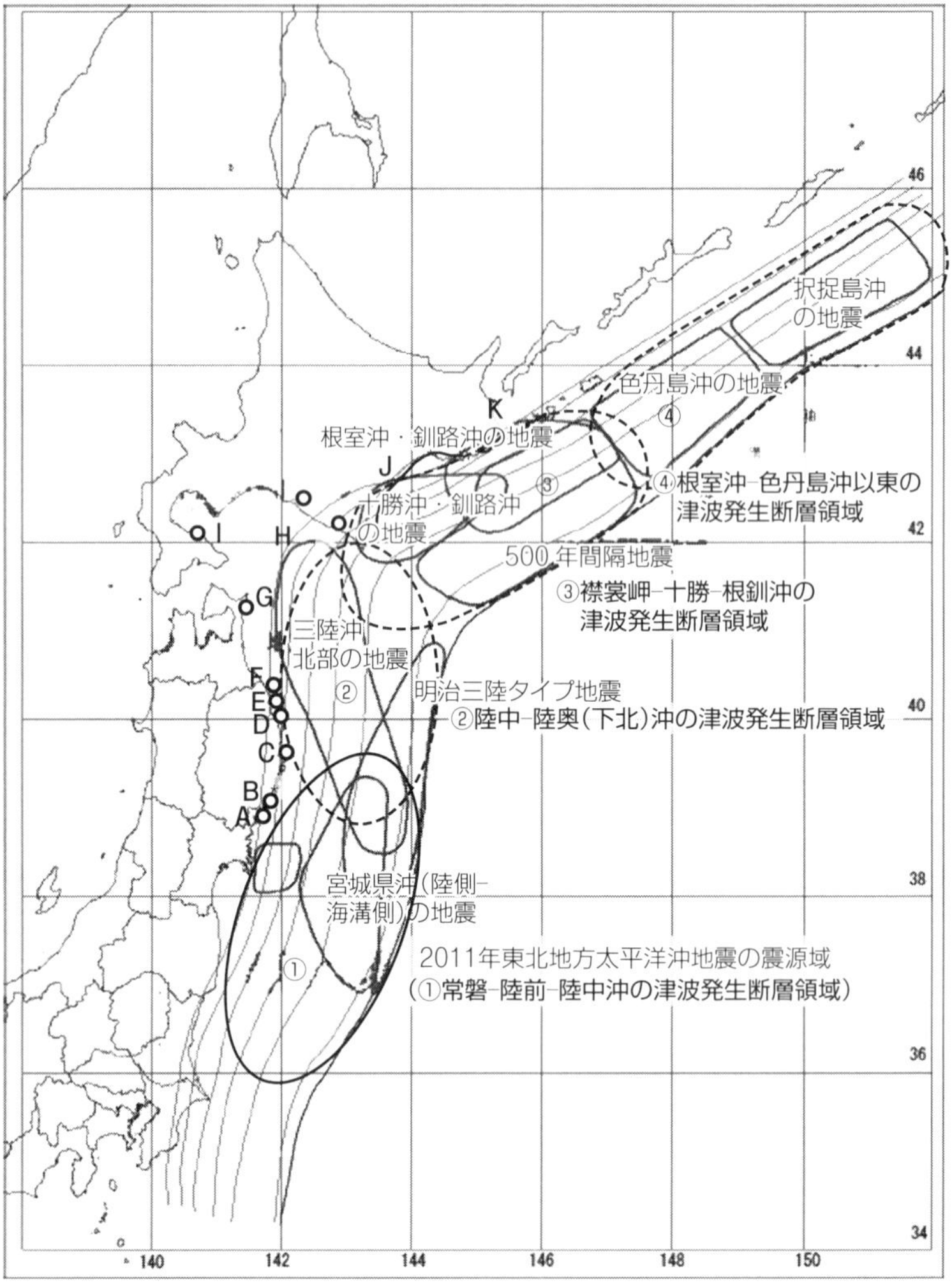

図9　津波堆積物から推定される東北地方〜北海道太平洋沖の日本海溝・千島海溝を起源とする超巨大津波の断層領域

A〜Kはおもな津波堆積物調査・記載地点（図8のA〜Kに対応）。

では九〇〇年～一五〇〇年、波源域②では一〇〇〇年～一二〇〇年、波源域③では一〇〇〇年～一三〇〇年となる。ただし、津波堆積物と突発的な隆起を考慮すれば、紀元前後に起こった津波は三陸中南部にまで、一七世紀五〇〇年間隔津波は根室沖から色丹島沖にまで、震源・波源域がおよんだらしい。

3　それぞれの波源域での最新の巨大津波イベントからの経過年数は、次の巨大津波への切迫度を示すと考えられる。この考えに立てば、三波源域のうち波源域②と④において、かなり切迫しているといえよう。

4　これらの巨大津波堆積物分布が示す情報は、いずれも東北地方太平洋沖地震と同規模（マグニチュード九クラス）の巨大地震がそれぞれの領域で発生してきたことを意味する。

5　根室沖から色丹島沖にかけての千島海溝を波源とする根室―釧路―十勝沿岸域の巨大津波については、北方領土でのデータがほとんどないこともあって、十分に検討・解釈することができない。しかし、津波堆積物（三、四世紀ごろ）からはすでに一五〇〇年以上が経過していること、過去一〇〇年間の地殻変動（沈降）は釧路から根室半島にかけての地域が日本全国で最大であることにも注意をはらうべきである。

二〇一一年東北地方太平洋沖地震のような超巨大地震は約七〇〇年ごとにくり返されるという、〝スーパーサイクル〟のアイディアが出ている。津波堆積物からは、東北地方から北海道太平洋沖にかけての日本海溝、千島海溝には三つ、北方領土沖を加えると四つの異なる超巨大津波の波源域があって、それぞれに超巨大地震のスーパーサイクルがあることを示唆する。事後に「想定外だった」などというよりも、それが〝妄想〟だと揶揄されようとも、わたしは〝妄想〟することを選びたいと思う（ただし、津波堆積物による〝スーパーサイクル〟は、七〇〇年ではなく、一〇〇〇年から一五〇〇年くらいにみえる）。

おわりに

1　津波堆積物研究はむずかしいか？

津波堆積物は、二〇一一年三月一一日の東北地方太平洋沖津波によって、大きく注目されることとなった。わたしは、この津波の挙動によっていっそう「数百年から一〇〇〇年間隔の希有なイベントである超巨大津波は、必ず地層として記録をのこしているにちがいない。その挙動を想像すれば、調査の地形的適地は必ずある」という感を強くしている。超巨大津波の痕跡だけをのこすような地形的条件を読みきって調査をすべきであろう。

いっぽうで、調査・研究に関わる当事者によって、津波堆積物の認定や解釈のむずかしさが強調されるようになっている。わたし自身は、「津波以外に運搬・堆積が不可能な地形的位置で、海浜起源の砂や礫をふくむ堆積物の特徴を可能な限り多くの地点で記載することのほうが、はるかに重要である」という経験的確信をもっている。つまり、〝選ばれた超巨大津波〟だけが記録をのこすことができるということだ。津波堆積物は、「〝選ばれた超巨大津波〟の記録」なのだともいえる。

わたしは、これまでの研究人生を通じて、地球上のさまざまな環境におけるさまざまな地形・堆積物を観察・記載してきた。その経験に照らせば、津波堆積物の調査・研究は、けっしてむずかしくない。むしろ容易であるとさえいっても過言ではない。

2 津波堆積物を調査・研究してきて想うこと

それでも、わたしがやってきた津波堆積物のフィールドワークでもっとも肝腎なのは、宮古・田老、陸中野田村、洋野町・戸類家《へるけ》、下北・東通村、噴火湾・森町、日高沿岸、十勝―釧路―根室、それぞれの地に、それぞれの時間間隔で襲来した超巨大津波は、まちがいなくそれぞれの土地条件と人びとの住まいかたに応じて生命や財産を破壊し、翻弄してきたということだ。サイエンスとしての超巨大地震・津波研究は、今後どんどん進展するにちがいない。それが重要なことは、論をまたない。しかし、人が生活するそれぞれの集落・土地で、どれほどの津波が、どれほどの時間間隔で襲ってきたのかが、具体的なイメージをもって、それぞれの地域・住民の日常に即してわからなければ、ほんとうの意味はないのではなかろうか。

岩手最北部の陸中野田村や北海道の十勝から根室沿岸にかけての、数千年間で十数層の津波堆積物が教えている四〇〇年間隔くらいの津波は、そのたびごとに、それぞれの地の人の生命、生業に重大な局面、状況をもたらしてきたにちがいない。いや、これでは不十分な理解だ。明治三陸や昭和三陸津波の堆積物は、ほとんどの調査地点で確認できていなかったではないか。下北・小田野沢《おだのさわ》集落周辺の沿岸低地は、この一二〇〇年間に六回の津波に襲われたではないか。ここは、ほぼ二〇〇年ごとに津波に襲われる土地条件が生活の場だということだ。

こんなふうに、それぞれの土地と、そこに生きる人びとと津波との関連を適切に判断することが、何よりも肝腎なのだと強く思う。マグニチュード九クラスの波源域やスーパーサイクルの検討も重要だが、こっちの問題も、津波堆積物をよりどころとしながら、もっとていねいに検討されるようになってほしいと願っている。

付言

二〇一一年三月一一日までは、津波堆積物の調査・研究はわたしの好奇心を刺激し、これほどおもしろいテーマはないと心底楽しんでいた。しかし、三・一一以降、この気持ちのありようは一変してしまった。楽しいとはいえなくなった。一年後、わたしは北海道大学を定年退職し、生地の渥美半島（愛知県）へもどることになった。帰途、一九九三年に奥尻島を襲った津波の現地を見ておきたかった。地形を読みきってアプローチした海食崖の上には、気仙沼と同じような巨大津波履歴を示す津波堆積物があった。渥美半島は、近い将来、南海トラフの巨大地震・津波が発生すると危惧されている真上にあたる。伊勢湾口を渡って歩いた志摩半島では、海岸の崖や斜面の随所に津波堆積物が露出していた。定年退職後もこれほど調査・研究に集中していようとは、わが人生設計にはなかった。これもまた因縁浅からぬ運命的なことと、あきらめの境地でもある。

付言の末筆に記すなど失礼なことと自覚しているのは、三・一一津波以降、多数の炭素14年代測定をお引き受けいただいた山形大学高感度質量分析センターへの深甚なる感謝の念である。ここまで考察をすすめることができたのは、これらの年代測定データによるところが大きいことを強調しておきたい。

平川一臣（ひらかわ・かずおみ）

一九四七年愛知県生まれ。東京都立大学大学院理学研究科博士課程単位取得満期退学。二〇一一年北海道大学大学院地球環境科学研究院を退職。十勝平野、日高山脈、大雪山、南極、アイスランド、アルプス、アンデス、パミール、熱帯カリマンタン……さまざまな自然の様相（地形と堆積物）をたくさん観てきた。これが津波堆積物の見方・考え方の礎にあると確信する。地形と津波間の地形・土壌・プロセスの理解こそが、津波の履歴と様相を知るための〝鍵〟だと思う。

＊　＊　＊

■わたしの研究に衝撃をあたえた一冊　*Einfuehrung in die Klimagenetische Geomorphologie*

博士課程の大学院生だった当時、沈着・冷静な、しかし情熱あふれる本書の著者が三〇代前半とわかって、将来の師と密かに決めた（実際、一九七七年から二年間、わたしはドイツの師のもとにいた）。古くさいといわれたドイツ気候地形学を縦横無尽に切りまくった野心的な名著（だと思う）。

H. Rohdenburg著
Lenz Verlag
一九七一年

Ⅲ部

小笠原の外来種をめぐる取り組み　――清水善和

地震時の揺れやすさを解析する　――松田磐余

自然はわたしの実験室　宍道湖淡水化と「ヤマトシジミ」　――山室真澄

風穴をさぐる　――清水長正

サンゴ礁景観の成り立ちを探る　――菅　浩伸

小笠原の外来種をめぐる取り組み

——清水善和

1　海洋島の小笠原の植生

植生とは、ある地域に植物がどんなふうに生えているかに着目して、その地域の植物集団の全体像を表すことばである。その土地にどんな植生が成立するかは、気候や地形・地質・土壌などの条件によって決まるし、人為のかかわりかたによっても内容が異なってくる。そこで、植生を見ればその地域の自然のおおまかな様子をつかむことができる。

植生はまた、地域の景観を構成する重要な要素でもある。樹林（森林）、草原、荒原（乾燥や寒冷で植物がほとんど生えない状態）などの大きな区分、さらに樹林のなかの広葉樹林と針葉樹林のちがい、常緑樹林と落葉樹林のちがいといったより細かい区分によって、自然景観の大枠が定まる。地域の自然を理解するうえで、植生の研究は欠かせない。

さて、筆者が長年取り組んできた小笠原諸島の植生の特徴とは、どんなものだろうか。

小笠原は、東京の南南東約一〇〇〇キロの太平洋上に浮かぶ、大小三〇ほどの島からなる群島である。海底火山の活動で島ができてから一度も周囲の大陸とつながったことがない海洋島《かいようとう》（大洋島《たいようとう》）として知られる。島の生き物は、数百万年という長い年月をかけて、西方の東南アジア方面、南方のオセアニアの島々、北方の日本本土から、広大な海域をわたって偶然に到着した者たちの子孫である。島のなかで独自の進化がすすみ、多くの種類で、小笠原だけにしか見られない固有種になった。約四四〇種の在来植物のうち三六％は小笠原の固有種であり、樹木に限ると七〇％近くが小笠原独自の種である。

こうした植物が集まってつくる小笠原の植生も、ユニークな内容をもつ。

小笠原を代表する植生としては、父島や兄島の乾燥した立地に成立する乾性低木林と、母島の比較的湿性な環境に発達する湿性高木林がある（写真1・2）。これらの植生の内容を見ると、東南アジアや日本本土で森林の主要な構成種となっているブナ科（シイ、カシ類）やマツ科の樹木が不在であることに気づく。こうした植物は、広大な海域を越えて小笠原にやってくる機会がなかった（ドングリやマツの実は、長距離を運ばれにくい）のである。そこで、小笠原の植生は、主役級が不在で脇役たちがいきいきと活躍している演劇に

写真1　乾性低木林（兄島）

写真2　湿性高木林（母島）

たとえられる。ちなみに、動物においても同じことがいえ、本土の生態系で重要な役割を果たす哺乳類が、小笠原にはオオコウモリをのぞいてまったく存在していなかった。小笠原は、こうした海洋島のユニークな生態系と、そこでくり広げられる生物進化のありようが評価されて、二〇一一年六月に日本で四番目の世界自然遺産に登録された。

2 植生を激変させるノヤギとアカギ

小笠原の自然保護にとって最大の脅威が、人間がもちこんだ外来種の問題である。ここでは、在来の植生を変えてしまう力をもつノヤギ(動物)とアカギ(植物)をとりあげる。

ノヤギの排除

小笠原への人間の定住は一八三〇年にはじまるが、そのすこし前あたりから、小笠原に寄港した船からヤギが野に放たれはじめたようだ。一九四五年に太平洋戦争が終結すると、小笠原はアメリカ軍の統治下になり、一九六八年の施政権返還まで二三年間、父島をのぞいてほぼ無人島の状態となった。このあいだに、野生化したヤギ(ノヤギと呼ぶ)が大繁殖した。とりわけ聟島《むこじま》列島では、かつて島をおおっていた森林が破壊され、広範囲に草原化したり、土壌の浸食が起こったりした。

ノヤギは、まず、オオハマギキョウやシマカコソウなどの岩場に生育する固有種を食べて、これを絶滅に追いやる。数が増えてくると森林内にも進出し、背の届く範囲の林床の低木や草本《そうほん》を食いつくす。こうなると、森林はきれいに手入れされた公園の樹林のような景観を示す。こうした状態のところに台風がきて親木が倒れても、若い稚樹が食べられて存在しないので、世代交代がすすまない。倒木でできた空間（林冠《りんかん》ギャップ）は空いたままとなり、次の倒木をひき起こしやすくなる。こうして樹林のなかに次々と空間が広がっていき、樹木の失われた土地は草地となっていく。聟島列島の聟島では、かつての森は谷筋にわずかにのこるのみで、全島が開けた草地と化した。斜面の傾斜のきつい隣の媒島《なこうどじま》では、表土の浸食がすすみ、大量の赤土が流れだして入り江を赤く染めており、あちこちで基岩の岩肌が露出して植生そのものが失われてしまった（写真3）。じつに、ノヤギは、島の生態系そのものを破壊する秘めた力をもっているのである。

一九九〇年代後半から、東京都が中心になって聟島列島のノヤギを全頭排除する事業がはじまった。島の一角に大きな追いこみ柵を設けて、別の端から大勢の人が横に並んでノヤギを柵に追いこんでいく（写真4）。一網打尽にされたノヤギたちは、薬殺されたのち、穴に埋められた。数が減ってくると銃器による方法に切り替えられて、最後の一頭までとりのぞかれた。群れをなすノヤギの習性を利用して、発信機をとりつけた囮《おとり》のヤギ（ユダのヤギという）を放って残存するノヤギを見つけだす方法も用いられた。こうして、二〇〇〇年前後には聟島列島からノヤギが一掃され、これらの島は久方ぶりにノヤギのいない島にもどった。

ノヤギがいなくなると、場所によっては（とくに谷筋の水分のあるところでは）イネ科の草本類が膝上の高さまで成長して、道が見えなくなるほど茂ってきた。地面に埋もれていた種子から、ウラジロエノキやオオバシマムラサキなどのパイ

写真3　媒島の景観

写真4　ノヤギの追いこみ柵

オニア樹種も発芽してきて、群生する場所も現れた。しかし、残存する本来の樹林（モクタチバナやウドノキのある低木林）が回復するきざしはまだ見えない。とくに媒島では、土壌侵食が収まらないため、草の種子をふくんだ人工シートを被せるなど侵食を食いとめる事業がおこなわれている。

一方、思いがけない事態も生じてきた。ノヤギがいたころは新たな芽生えが常に食べられて、ほんの数株にとどまっていた外来種のギンネム（マメ科の低木）が、親株のまわりから急速に広がりだしたのである（写真5）。ギンネムは、がれ場の土留め用に使用されるくらい強壮なので、放っておくと島全体に広がってしまいかねない。ギンネムは、純林を形成して在来種を寄せつけないので、植生遷移がすすんで在来林にもどっていくということも期待できない。また、繁殖力旺盛で、切ってもすぐ萌芽によって再生するので、一度ギンネム林が定着してしまうと、根絶はきわめて困難である。

これでは、なんのためにノヤギを排除したのか、わからなくなってしまう。

この経験から、わたしたちは「外来種の駆除には順番がある」という教訓を得た。ノヤギの排除に着手するまえに、ノヤギが食べていた植物をよく調べ、ギンネムのような外来種がある場合にはまずそちらを駆除してからノヤギの排除にのぞまねばならないということである。この教訓を生かして、弟島でノブタ（野生化したブタ）を排除した際には、ノブタの餌となっていたウシガエル（ある池に生息していた）をまず駆除してからノブタの排除にのりだし、成功した。また、原生状態の乾性低木林が広く残存する兄島において、外来種のノヤギ、クマネズミ、リュウキュウマツ、モクマオウの駆除がおこなわれた

写真5　ギンネムの花と莢

際には、あらかじめ外来種と在来種のあいだの考えうるすべての関係を図示し、外来種がのぞかれた場合にどういう影響があらわれるかの予測をおこなったのちに、駆除が実施された（図1）。たとえば、クマネズミを駆除すると、これを餌にしていたオガサワラノスリ（小笠原の食物連鎖の頂点に位置する猛禽類）が餌不足で減少する可能性がある。しかし、一方でネズミのために抑えられていた小型の海鳥類（ノスリ本来の餌であったと考えられる）が復活してきて、ノスリの数も回復するだろうということが予測された（結果は現在観察中）。このように、外来種も侵入から時間がたつと在来の生態系に組みこまれてくる面があり、たんにとりのぞけば本来の自然が復活するというものではないのである。

在来林に置き換わるアカギ

東南アジア原産で、大木になるアカギ（トウダイグサ科）は、戦前に小笠原に導入されて、父島や母島の何か所かに植林された。その後、植林地の周辺にじょじょに分布を広げ、返還直後には母島の桑ノ木山周辺で目立つようになっていたが、まだ全島的に広がるという状況ではなかった。しかし、一九八三年に大型台風が小笠原を直撃して、島の広い範囲で

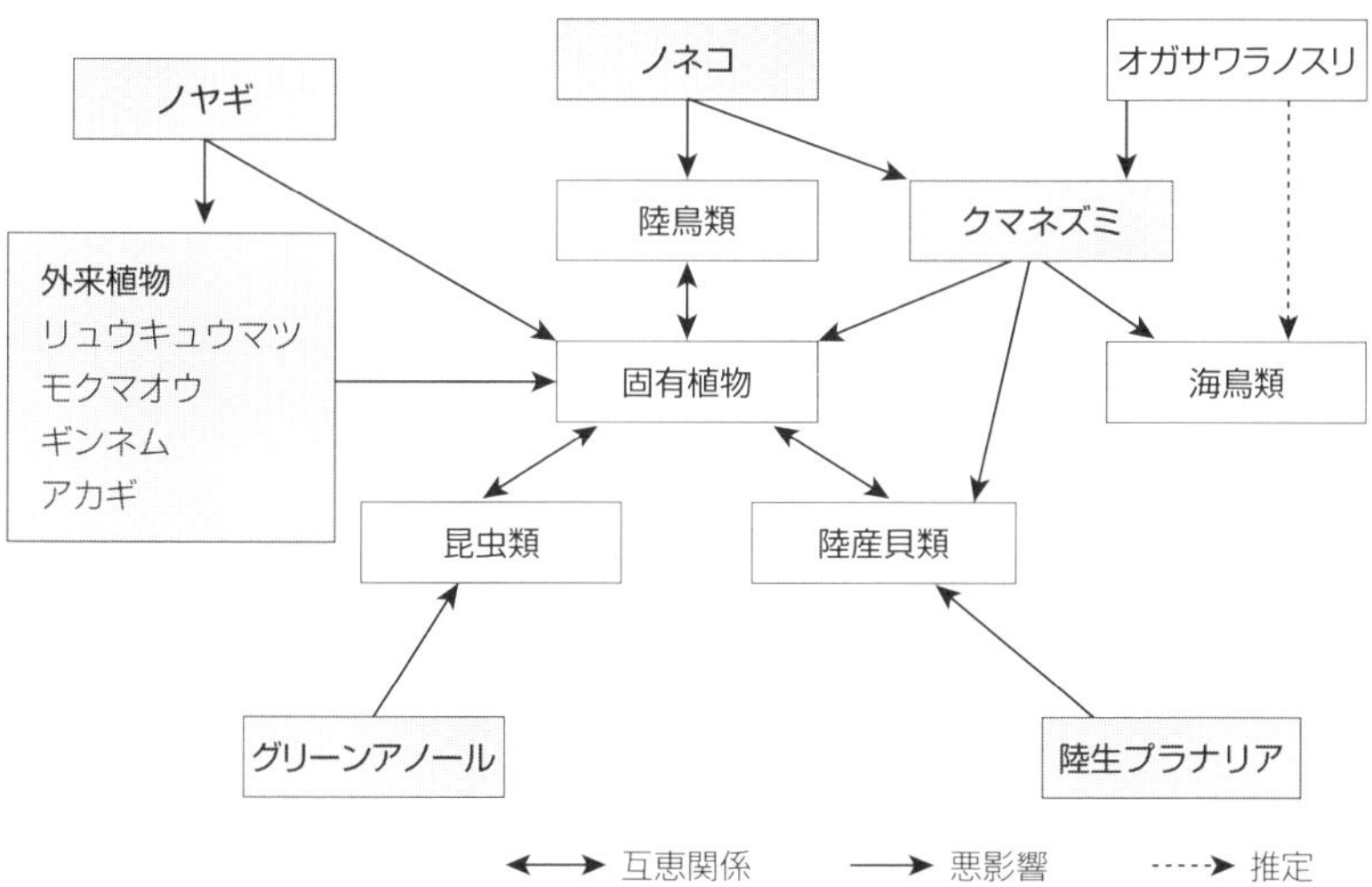

図1　在来種（白地）と外来種（網かけ）の相関関係の簡略図

倒木被害が生じ、多くの高木の樹冠がふきとばされて林内が明るくなると、それまでに林床にあったアカギの稚樹が一斉に成長して、林の上層を奪うようになった。その後も進撃はとまらず、母島では、とくに湿性な島の中央部がほとんどアカギだらけの状態となった。

アカギは、梨の実を小さくしたようなジューシーな果実を多産し、これが鳥に食べられてばらまかれる（写真6）。発芽した稚樹には耐陰性があり、暗い林内でもある程度耐えて待つことができる（前生《ぜんせい》稚樹《ちじゅ》という）。こうしたときに台風などで上層が開けると、稚樹は急成長をとげて空間を占めるようになる。一度定着すると、幹が折れても倒れても下方から萌芽が出て再生し、以前にも増して樹冠を広げるようになる。こうしてじょじょに勢力を拡大し、最後にはアカギのほぼ純林を形成する。

桑ノ木山は、いまや「赤木山」に変わってしまった。アカギ林になると、在来の固有種は消滅し、元にもどることはない。

このままでは、原生的な湿性高木林がどんどん侵食されて、アカギ林に置き換わってしまう。そこで、一九九〇年代からアカギ駆除方法の研究、実験がおこなわれ、二〇〇二年から林野庁の事業として駆除がはじまった。当初は、巻き枯らしといって、地表から一メートルほどの高さの幹の樹皮を剥ぐ方法がとられた（写真7）。こうすると、水や養分の流通が妨げられて、地上部は枯れてしまう。枯れた地上部は、立ち枯れ状態のまま何年かはのこるので、林内の急激な環境変化を防ぐことができる。伐採してしまうと、一挙に明るくなった林床に再びアカ

写真6　アカギの果実

写真7　アカギの巻き枯らしと萌芽

ギの実生《みしょう》（種子由来の幼個体）が一斉に現れて、かえってひどい状態になる可能性があるためである。

しかし、巻き枯らしをしても、生きている株元からは多数の萌芽が再生してくる。放置しておくとまた太い幹に成長するので、二、三年間はこれらを切りとる作業が必要になる。そこで、より省力化をはかるために、薬剤による枯殺手法が開発された。使用する薬剤の認可をとり、薬剤によるほかの動植物、水系などへの影響がないことを確認したのち、一本一本のアカギの根元に薬剤を注入する方法で、駆除が実施されるようになった。この手法によって、萌芽再生を防いで確実に枯らすことが可能となった。

現在、母島の湿性高木林の残存する石門や、まだ侵入の程度の低い地域から、アカギを一掃する事業がおこなわれている。アカギが純林となっている場所では、一度に全部を枯らしてしまうと一挙に明るくなってアカギの実生が再生してしまう。アカギは雌雄異株なので、あらかじめ雄木、雌木を判別しておいて、実をつける雌木のほうから駆除するというような工夫がなされている。アカギを枯らした跡地では、在来のパイオニア樹種が出現したり、のこっていた在来種の稚樹が成長してきたりする場所もあるが、再びアカギの実生が侵入している場所もある。ノヤギの場合と同様に、アカギをとりのぞきさえすればひとりでに本来の植生が回復するというわけにはいかないのである。

3　植栽と遺伝子攪乱

ノヤギやアカギをなぜ駆除するかといえば、小笠原本来の原生的な植生をとりもどすためである。しかし、ここまで述べてきたように、外来種が深く入りこんでしまった場合には、当該の外来種をとりのぞいただけでは元にもどらない場合が多い。その場合には、人間がなんらかの手助けをする必要がある。

本来、原生的自然の保護は「できるだけ人為を加えず、自然の推移にまかせる」のが原則である。しかし、本来の植生の回復がうまくいかない場合には、例外的に人為を加えなければならない。あるべき在来種の種子を蒔《ま》いたり、別に苗をつくって植えたりして（広い意味での植栽）、植生の遷移を手助けする必要がある。では、種子や苗はどこから調達すればいいのか。ここで、「遺伝子攪乱《かくらん》」という問題が生じる。

そもそも小笠原で守るべき原生的自然とはなにか。それは、何百万年もの年月をかけてつくりあげられてきた独自の生態系（おたがいのつながりをふくむ、生物と環境の総体）であり、個々の種《しゅ》に着目すれば、祖先が島に到着して以来、遺伝子の突然変異をくり返しながらつくられてきた現在の集団の姿である。同じ種に属する集団であっても、父島と母島にわかれてしまうと遺伝的な交流が妨げられて、それぞれ独自の進化（突然変異の蓄積）がすすむため、独自の遺伝子の内容（遺伝子組成）をもつ集団が成立する。これを「地域個体群」という。遺伝子が、生物の形、色、習性などさまざまな性質（形質）を決める大本の情報であることを考えれば、地域個体群の遺伝子組成が根本的な〝自然〟の姿であるととらえることができる。

さて、たとえば、母島で植栽する植物の種子を、同じ種だからといって父島の個体から採集してもっていくと、どういうことが起こるだろうか。植えた父島産の個体と周囲の母島産の個体（母島にもその種がのこっている場合）が交雑して、両者の遺伝子が混ざってしまう。これを「遺伝子攪乱」という（図2）。見た目に変化はなくても、遺伝子をよく見れば本来母島の地域個体群にはないはずの父島の地域個体群の遺伝子が入りこんでしまい、母島本来の遺伝子組成がそこなわれてしまう。すなわち、遺伝子レベルで「自然破壊」が生じたことになる。父島産と母島産の個体同士が交雑するという本来ありえないことが、人為によってひき起こされたので、これは自然破壊の行為なのである。一度遺伝子攪乱が生じてしまうと、これを元にもどすのはほとんど不可能である。

遺伝子攪乱は、異なる島間だけでなく、大きなひとつの島のなかでも起こりうる。たとえば、父島の絶滅危惧種のムニンフトモモは、島のなかでいくつかの地域個体群にわかれており、遺伝子組成がすこしずつ異なっていることが明らかになっている（写真8）。おたがいの集団が離ればなれになってから時間がたっており、現在は集団間で遺伝的な交流が途絶えているためであろう。そうすると、島のなかでも植栽する種子や苗の出所に注意が必要となってくる。

同じような遺伝子組成を有するひとつの地域個体群がどの程度の広がりをもつかは、植物の種類や受粉の様式（昆虫や風で花粉が媒介される範囲）、種子散布の距離（風や鳥で種子が運ばれる範囲）、地理的な隔離の状態などで千差万別であり、一定の法則は認めがたい。現在、小笠原全体で分布が広く個体数も多くて植栽に利用しやすいいくつかの

写真8　ムニンフトトモの花とメジロ

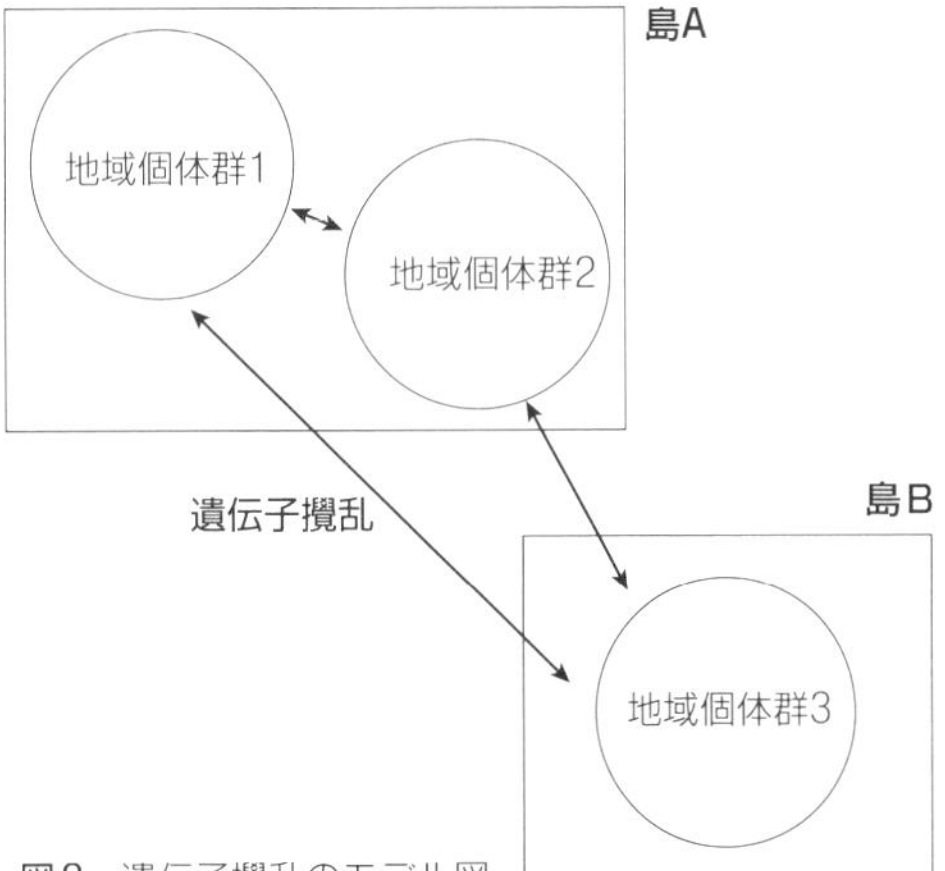

図2　遺伝子攪乱のモデル図

種について、島ごと、地域ごとの集団間の遺伝子組成の異同が調べられている。

仮に、遺伝子の内容が均一で、島のどの場所でも同じようであることがわかれば、その種は比較的気楽に植栽に用いることができる。しかし、実際にはそうした種はまれで、ほとんどの種は島ごとに遺伝子組成がすこしずつ異なり、島のなかでも地域によるちがいが見られる場合もすくなくない。オガサワラビロウでは、独自の遺伝子組成をもつ異なる集団（二種にわけてもおかしくない内容）が混じりあって存在することがわかり、わたしたちを驚かせた。こうした研究の積み重ねで、多くの種について全島的な遺伝子組成の状況がわかってくれば、より安全で細やかな植栽も可能になってくると期待される。

以上見てきたように、小笠原では、「本来人為を加えるべきでない原生的自然の保護のために、人為を加えなければならない」というむずかしさがある。やりかたを誤ると、かえって自然破壊につながるおそれもある。とりかえしのつかない失敗をしないように、あらかじめ周到な準備をして結果を予測し、途中で状況をモニタリングしつつ、予想外の展開があればすぐ対処できるような手法（順応的管理という）がとり入れられている。

おわりに

そもそも、なぜ、小笠原の原生的自然を守らなければならないのだろうか。

いま地球上に生きているすべての生物は、約四〇億年前に誕生した共通の祖先に由来し、その後絶え間なく命をつないでいくあいだに進化し多様化して現在にいたった仲間同士だ。

約七〇〇万年前にサルの仲間から派生したヒトも、新参者であるもののその一員である。その意味で、本来ヒトはほかの生物に対して敬意をはらうべきなのだが、自らの繁栄のために彼らを犠牲にしてきた。原生的自然とは、まだかろうじて本来の自然の営みがのこっている場所であり、貴重な存在である。とりわけ小笠原は、島の誕生以来周囲の大陸や島から集まってきた生物たちが、閉じた世界のなかで独自の進化をし、独特な生態系をつくりあげてきた点で、「ミニ地球」にたとえることができる。生物進化の謎をとき明かす場として重要なのはもちろん、今後、人間が自然とどう向きあうべきか考える場としても貴重なフィールドなのである。

清水善和（しみず・よしかず）

大学三年時（一九七四年）に「植物分類実習」の巡検で屋久島を縦走したのがフィールドワークのはじまり。一九七六年に大学院に進学してからは小笠原の植物生態学的研究に取り組み、三七年が経過した。この間、小笠原への渡航は六二回を数える。一九七八・八三年にはネパール調査、一九九四・九五年にはガラパゴス調査、一九八八年には雲南省調査、二〇一〇・一一年にはルーマニア調査に参加。また、一九九五—九六年にはハワイに一年間滞在して研究をおこなった。

＊　＊　＊

■わたしの研究に衝撃をあたえた一冊『植物の進化生物学　植物の分布と分化』

本書は、当時の若手研究者による意欲的シリーズ「植物の進化生物学」（全四巻）の一冊として、わたしの大学在学中に出版された。アジアの熱帯林でフィールドワークを実践する堀田先生が描き出す、壮大な時間的・空間的スケールの植物の物語には圧倒されるとともに、研究の魅力と奥深さを教えられた。緑色の箱に入った本のモダンな装丁も内容の斬新さにマッチしていて、新しい方向性を感じさせた。いま読んでも古さを感じないのはさすがだ。

堀田満著
三省堂
一九七四年

地震時の揺れやすさを解析する

——松田磐余

1　地震被害の差

大きな地震が発生すると、広い地域が被災する。被害程度は、震源に近いところでは大きく、遠くになるにしたがって次第に小さくなる。それは、震源となる断層が活動したことで発生した地震動のエネルギーが、伝播する途中で距離の二乗に反比例して減衰《げんすい》していくからだ。震源から一〇〇キロ離れた場所では、五〇キロしか離れていない場所に比べて、到達するエネルギー量は四分の一になる。しかし、だからといって、震源からの距離が同じなら被害程度も同じになるとは限らない。図1は、一九二三年の関東地震（地震の名前は「関東地震」、災害の名前は「関東大震災」）による旧東京市内の区別の住家全壊率である。住家のほとんどは木造家屋だったので、住家の全壊率は木造家屋の全壊率と読み替えても、ほとんど差はない。

旧東京市は、関東地震の震源断層からは六五キロ程度離れており、各区とも震源断層までの距離はあまり変わらない。ところが、図1からは、全壊率は下町低地で高く、山の手台地で低いことが読みとれる。また、同じ下町低地でも、隅田川より東の本所区と深川

旧東京市内
当時は東京都二三区ではなく東京市で、市域は狭いし、区名も現在とは異なっている。

図1　関東地震による旧東京市内の木造家屋の全壊率（単位は%）
全壊率は、武村（2003年）による。砂目は山の手台地。

区の全壊率が一五・六％と八・九％と高いのに対して、西の日本橋区と京橋区では〇・三％と〇・四％で低い（ただし、浅草区は七・〇％と高い）。台地の占める面積が広い区では、本郷区・小石川区・四谷区では一％以下だが、牛込区・赤坂区・麻布区では全壊率が数％で、日本橋区や京橋区よりも高い。

このように全壊率に差が出るのは、どんな理由によるのだろうか。日本橋区と京橋区は問屋街で、もともと建物の強度が高かったということも指摘されているが、基本的な理由は、「地盤《じばん》がちがう」からである。

地盤が異なると、どうして建物被害に差が出るのだろう――答えは、「地表面の地震動が異なる」からだ。地震動は、波となって伝わってくる。地震が起こると、最初に小さな縦揺れがきて、次に大きな横揺れがくることを、しばしば経験する。最初にくる波をP波（Primary Wave）、あとからくる波をS波（Secondary Wave）といい、それぞれ「最初の波」と「二番めの波」を意味している。P波はいわゆる縦波で、地震動の進行方向に揺れるので、わたしたちには上下動と感じる。S波はいわゆる横波で、進行方向に直角に揺れるので、わたしたちは横に揺すられるように感じる。P波はS波より伝播速度（伝わる速さ）が速いので、先に到達する。震源の近くでは地震動のエネルギーの減衰が小さいので、P波は下からつきあげるように建物に入力し、直後に遅れてくるS波とともに大きな被害をあたえる。一方、震源から遠いところでは、おもにS波が建物に被害をあたえる。

波には「振幅」と「周期」がある。振幅が大きい波は、揺れが大きいということ。また、周期が長い波ほどゆっくりと揺れる（周期が一秒の波は一秒間に一回揺れるが、周期〇・二秒の波は一秒間に五回揺れる）。

震源からある程度離れた地域に建っている建物が地震動で被害を受けるのは、地盤の揺れと共振するからである。建物が揺れる周期（固有周期という）と地盤の振動周期が重なっていると、建物の揺れ幅――振動する振幅――が次第に大きくなる。ブランコに乗ったとき、揺れにあわせて膝の屈伸をすると揺れが次第に大きくなっていくのと同じ理屈だ。建物は、振幅が小さいうちはゆさゆさ揺れながらも元にもどるが、振幅が大きくなると、歪みが大きくなって壊れはじめる。さらに振幅が大きくなると、元にもどれなくなって、そのまま倒壊してしまう。これが、共振による倒壊である。

図2で考えてみる。台地の地下にも低地の地下にも、古い堆積物がある。堆積物というのは地質学的な術語で、工学的にいうと「地盤」という。古い堆積物の上に、台地と低地をつくっている堆積物がある。このような状態のときには、古い堆積物のことを、台地と低地の堆積物の「基盤」という。

基盤まで伝わってきた地震動は、台地の下でも低地の下でも同じである。この地震動は、その上の堆積物に伝わるときに振幅が大きくなる（「地震動が増幅される」という）。古い堆積物は固結しているので地震動の伝播速度が速いが、新しい堆積物は軟らかいので伝播速度が遅くなるためである。低地の堆積物と

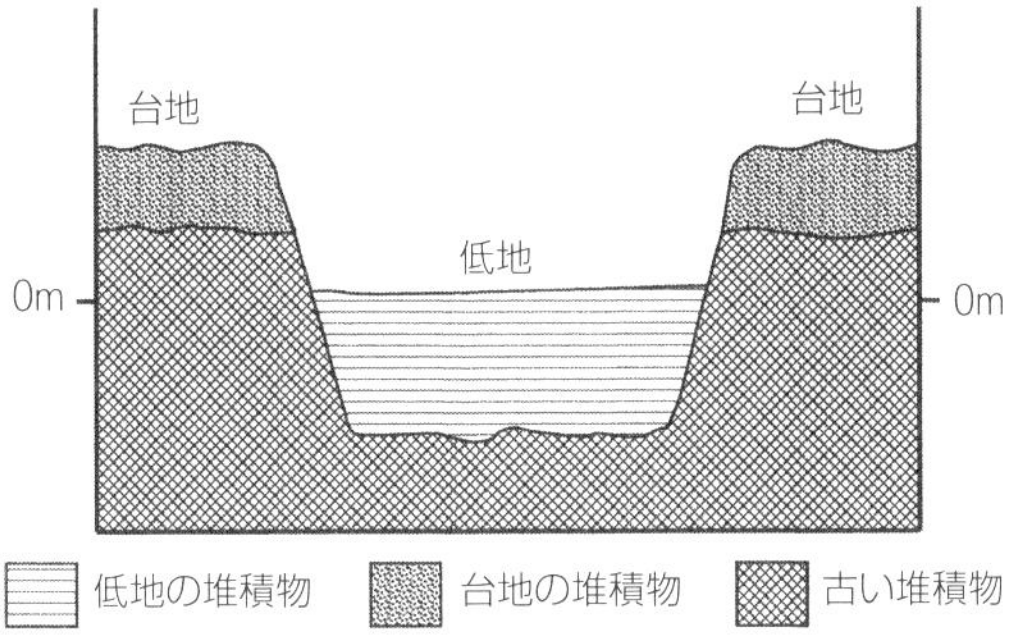

図2　台地と低地の地盤の簡略なモデル
低地の堆積物は、約2万年前以降に形成された沖積層。海岸に近い地域ではおもに粘土や砂などからなり、軟弱地盤を形成し、地震動を増幅しやすい。台地の堆積物は、約12～13万年前以降に形成された後期更新統で、やや固結している。河成台地の場合は礫《れき》からなり、海成台地の場合は粘土や砂からなることが多い。古い堆積物は、後期更新統よりは古い地層で、固結がすすんでいる。

台地の堆積物を比べると、低地の堆積物のほうが軟弱なので、地震動の伝播速度が遅く、増幅される割合も大きくなる。また、周期は、堆積物が軟弱なら長くなり、堆積物の厚さが厚いと長くなる。古い木造家屋の固有周期は長いので、地盤が軟弱で、かつ厚いほど、地盤と共振しやすく、被害を受けやすい。

旧東京市で関東地震の際に住家全壊率に差が見られたのは、次のように説明できる。隅田川より東では、軟弱地盤が厚い（三〇メートル程度ある）ので、地表面での振動周期が長くなり、住家が共振して被害が大きくなった。浅草区でも、北部は軟弱地盤が厚くなっている。日本橋区や京橋区では軟弱地盤が薄い（五メートル以下）し、山の手台地では地盤が低地より固いので、地表面での振動周期が短くなり、住家は共振しにくかった。一方、山の手台地を刻んでいる谷では、堆積物が非常に軟弱な有機質土（泥炭など植物をふくむ土）からなるところが広くあり、下町低地内のほかのところより軟弱であったために地震動がより増幅し、そのうえ厚さも厚かった（一〇メートル程度）ので、周期も比較的長くなって、住家被害が大きくなった。山の手台地内で、台地を刻んでいる谷のなかまで住宅地が広がっていた区では、谷のなかの全壊率が高くなったので、全壊率が数％にもなった。

2　常時微動の測定

常時微動とは

最初に見た図1のように、全壊率は地域的に異なっているので、自分たちが住んでいる町のどこが地震の際に被害を受けやすいかを考えておくことは重要であるし、できれば地震被害を受けやすいところには住みたくない。そのためには、地盤の揺れかたが場所によってどのように異なるのかを知っておくことが重要である。地震計がたくさんあれば、地震の際に記録された地震動の波形から、そこがどのような揺れかたをするのかが詳細にわかるのだが、地震計の数は限られている。そこで、常時微動を測定に行く。

ダンプカーなど大きな自動車が近くを通過するときに、地震ではないのに地盤が揺れることをよく経験する。電車の運行や工場の操業などによって発生する振動も、地盤を伝わっていく。また、海の近くでは波による振動もあるし、森や林があると木が風に揺すられて地盤を振動させる。このように、人間のいろいろな活動や自然現象によって、地盤はいつも振動させられている。この地盤の揺れを「常時微動」という。

しかし、ダンプカーが近くを通過する場合などは別にして、常時微動の揺れはごく小さいので、わたしたちは揺れていることを感じることができない。そこで、微動計を使って、常時微動を測定する。常時微動を測定する理由は、常時微動を解析して得られるもっとも揺れやすい周期（「卓越周期」という）が、地震時の揺れの周期と似ているからである。したがって、常時微動を密に測定しておけば、地震時に自分の住んでいる地域がどのような周期で揺れるかの分布——どこのどのような建物が地盤と共振しやすく、被害を受けやすいか——を詳細に予想することができる。

写真1は「微動計」である。地震計と同じ原理で、常時微動の垂直成分（上下動）、水平成分（水平動）を測定することができる。水平成分は、南北成分と東西成分を測定して、合成して求める。

写真1　微動計（神奈川大学工学部荏本研究室提供）
KU01CHは神奈川大学の1チャンネル、KU02CHは同2チャンネルで、水平成分の南北成分と東西成分を記録する。いちばん右が3チャンネルで、垂直成分を記録する。

測定計画

常時微動を測定する地域の地形図を購入し、ある程度の大きさのメッシュに区切る。メッシュの交点が、測定予定地になる。メッシュの間隔は、広い地域を測定する場合には二五〇メートル間隔、狭い地域の場合には五〇メートル間隔になることが多い。二五〇メートル間隔であれば縮尺二万五〇〇〇分の一の地形図を使用し、間隔が狭い場合はより大きな縮尺の地形図を使用する。測定する地域の大きさによって、メッシュの間隔と使用する地形図の縮尺を決める。

測定に必要なものは、微動計と常時微動を記録するパソコン、それに、これらの電源となるバッテリー（蓄電池）である。また、常時微動の水平成分は南北成分と東西成分を測るので、正確に方位が測定できるように磁石も用意する。測定地点の地形や測定時刻、周辺の状況を記録するための野帳と筆記用具も、もちろん必要である。バッテリーは重いし、たくさんの地点で測定するので、移動をすみやかにするために、自動車を利用する。

測定と結果

測定地点付近に着いたら、持参した地図で位置を定める。しかし、道路のまんなかになってしまったり、建物の下になったりして、測定できないことも多い。その場合には位置をずらして測定しなければならないので、GPS（Global Positioning System）を利用して正確な位置を求める。GPSは、カーナビで利用されているし、携帯電話についているものもあり、自分がどこにいるのかをかんたんに知ることができる。

位置が決まったら微動計を設置し、パソコンとケーブルで結ぶ。設置する際には、一般には、第1チャンネルを水平成分の南北成分、第2チャンネルを水平成分の東西成分、第3チャンネルを垂直成分にする。パソコンの画面には、常時微動の三成分の波形が表示されるが、最初は振幅の変化が大きいので、安定するまで待つ。安定したら記録をはじめる。測定時間は三～五分だが、自動車が近くを通過したり知らずに人が近づくと波形が乱れるので、十分な長さの安定した波形が記録されるまで、測定を続ける。

測定が終わったら、研究室に帰って解析する。解析には特別なソフトウェアがあるので、それを利用する。図3は、測定記録の例である。横軸には測定開始から経過した時間が、縦軸には常時微動の伝播速度が一〇μm《マイクロメートル》／秒（一マイクロメートルは、〇・〇〇一ミリ）の単位で示され、常時微動の伝播速度の変化を示す波形が記録されている。

波形を見ると、いろいろな振幅と波長の波があることが読みとれる。実際は、いろいろな振幅と波長の波が重なってこのような記録となっている。これを、記録が安定している部分を三〇秒程度とりだして、「フーリエ変換」という数学的手法で、周期と振幅の関係に変換する。

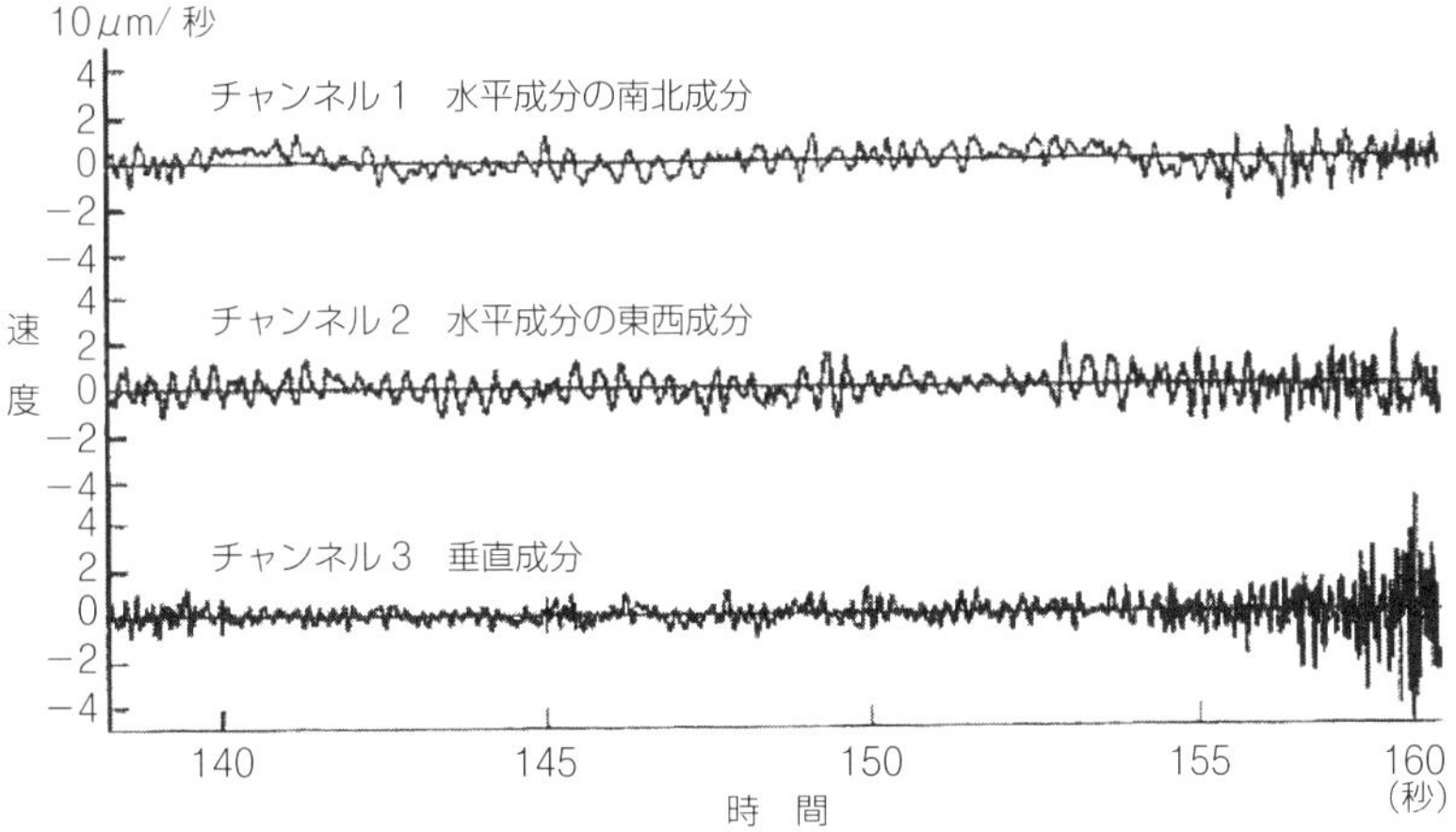

図3　常時微動の観測記録の例（神奈川大学工学部荏本研究室提供）
常時微動の速度の変化が、波形で記録されている。チャンネル1では南に向かう振動の速度がプラス、北に向かうものがマイナスで記録される。東西成分も同様で、東に向かうものがプラス、西に向かうものがマイナスとなる。垂直成分は、上向きがプラス、下向きがマイナス。チャンネル3で155秒以降に明瞭に現れている大きな振幅は、自動車が近くを通過したため。

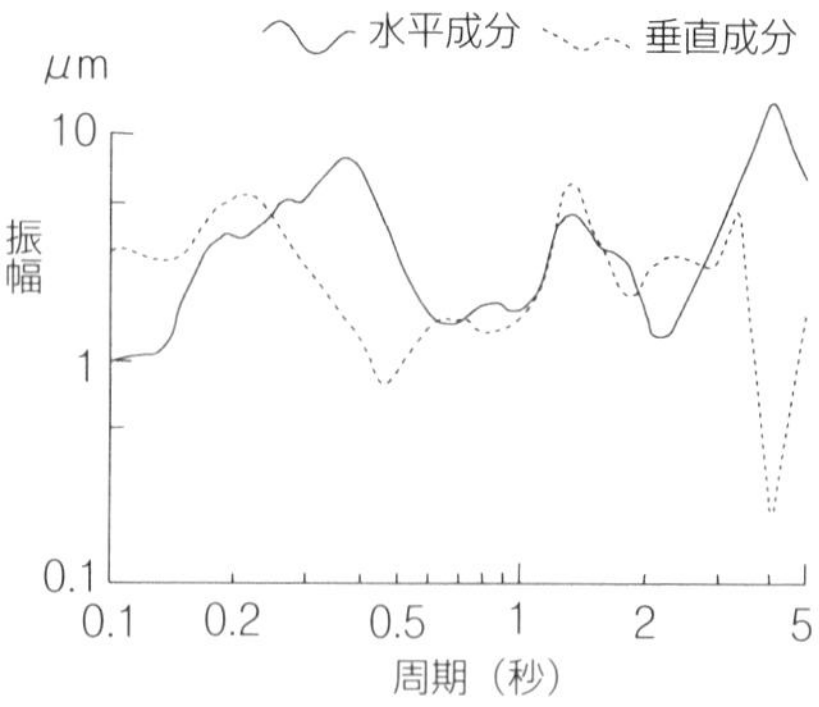

図４　常時微動の水平成分と垂直成分の周期と振幅の関係（神奈川大学工学部荏本研究室の資料より編集）
図３のように記録された地盤の振動速度を地盤の振幅に読み替えて、周期と振幅の関係を示したもの。

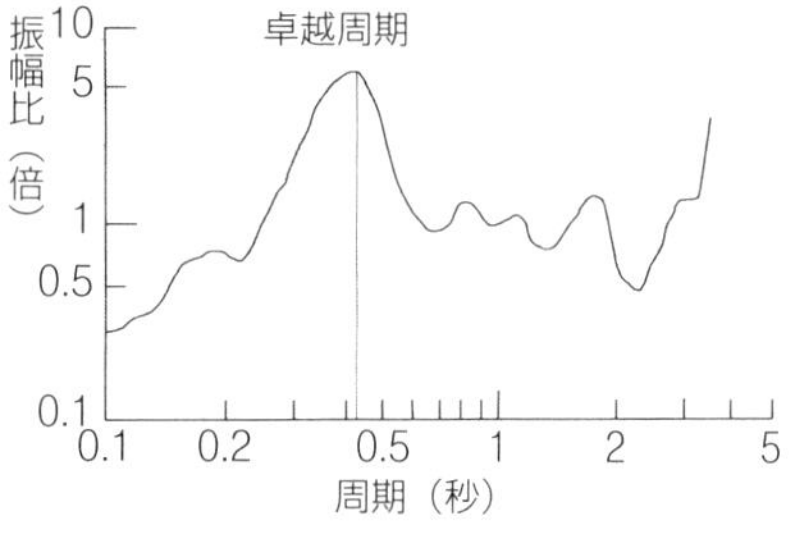

図５　ＨオーバーＶスペクトル（神奈川大学工学部荏本研究室提供）
縦軸は、図４の水平成分の振幅を垂直成分の振幅で割った値（振幅比）。振幅比が極大になるところが卓越周期で、地震の際にもっとも揺れやすい周期になる。

さらに、水平成分の南北成分と東西成分を重ねて、水平成分の周期と振幅を求める。得られた結果が図４である。最後に、同じ周期の水平成分の振幅を垂直成分の振幅で割って、各周期の振幅が何倍になっているかをグラフにする。

得られた例が、図５である。横軸は周期、縦軸は、各周期の水平成分の振幅が垂直成分の振幅の何倍になっているかを示している。水平成分の振幅を垂直成分の振幅で割っているので、このグラフのことを「Ｈオーバー Ｖスペクトル（H/V Spectorum）」とよぶ。グラフの値が最大になっている部分の周期が地震の際にもっとも揺れやすい周期となるので、この周期を「卓越周期」という。この例では、〇・四二秒程度である。解析の理論はかな

フーリエ変換
図３のように、微動計で記録された常時微動の波形は、いろいろな周期の波が重なったものである。そのうえ、波の振幅が周期によって異なるので、波形は非常に複雑になる。フーリエ変換とは、ごくかんたんにいうと「波形に重なっている波の周期ごとの振幅を求め

りむずかしいので、大学で学習してほしい。

3 測定結果の吟味

常時微動の解析が終わり、卓越周期が求められたら、それを地図上に記入する。次ページ図6は地形を台地と低地にわけて描いた図の上に結果を記入したもので、卓越周期の長さが○の大きさで示されている。図からは、一般に低地の卓越周期が台地に比べて長いことが読みとれる。すなわち、「地震時には、低地の地表面は台地よりも長い周期で揺れやすい」ということである。

しかし、よく見ると、低地の卓越周期は、低地の中央部では長いところは一・〇秒を超えるが、台地に近いところや支谷（枝わかれした小さい谷）では〇・三秒程度のところもある。これはどうしてだろうか――その理由には、図2の例で示されるように、低地は谷が軟弱な沖積層で埋められたところなので、低地の中央部では谷底が深くなり、沖積層が厚くなっていることが考えられる。

低地のように地盤の悪いところでビルや橋など大きな施設を建設する場合には、杭で支えるので、地盤調査のためにボーリングがおこなわれる。もし、ボーリング調査結果の資料が手に入れば、沖積層の厚さと卓越周期の関係を解析することができる。

次ページ図7は、沖積層の厚さと卓越周期との関係を示したものである。これを見ると、沖積層が厚くなると卓越周期が長くなることがわかる。沖積層の厚さをX、卓越周期をYとして、両者の関係を最小自乗法という数学的方法で求めると、Y=0.029X+0.095にな

る」数学的手法である。結果は、周期と振幅の関係として、グラフで表される。

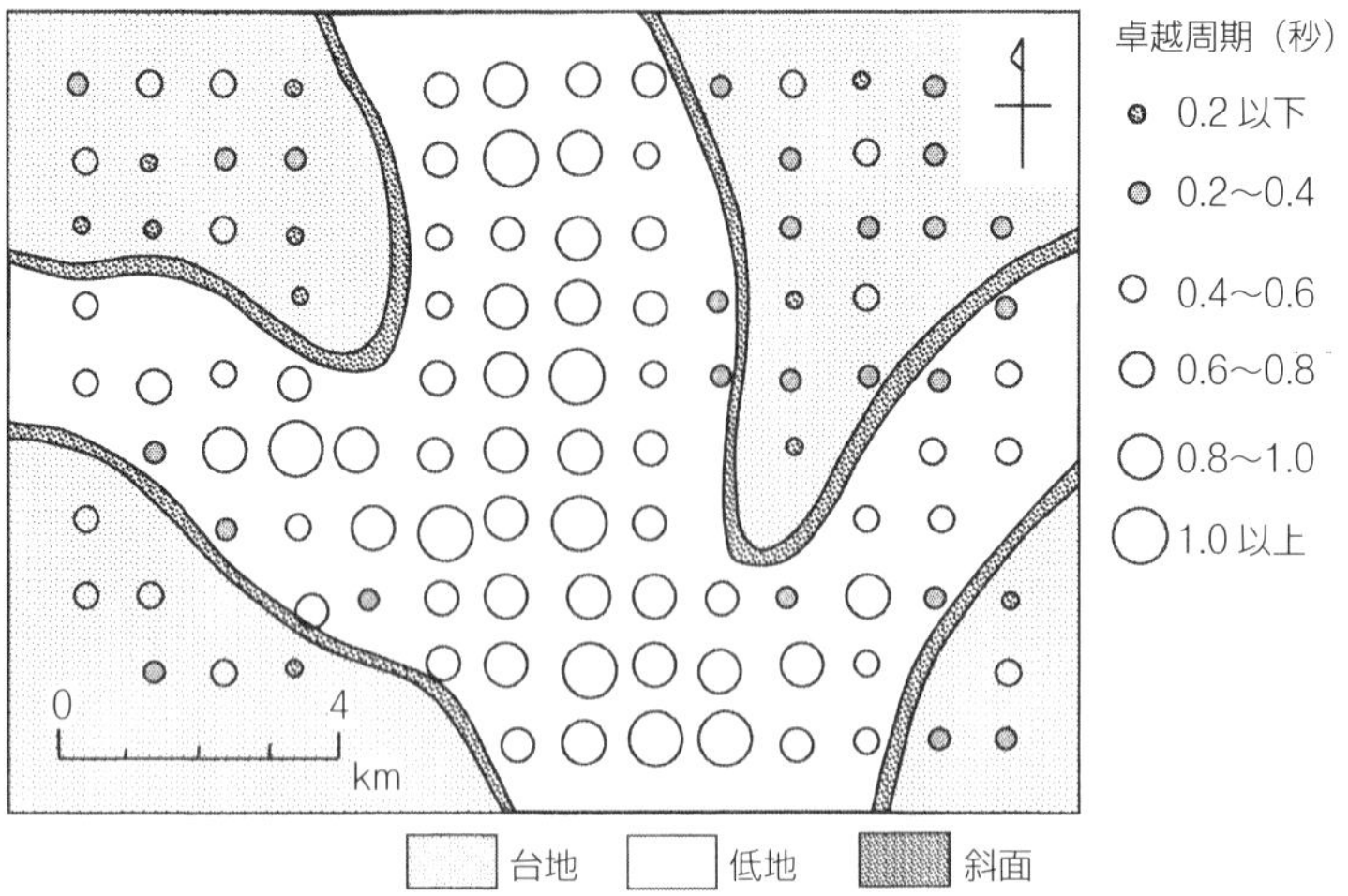

図6　台地と低地からなる地域の卓越周期の分布
卓越周期が、低地で長く台地で短いこと、低地内では周期にばらつきが大きいことが読みとれる。

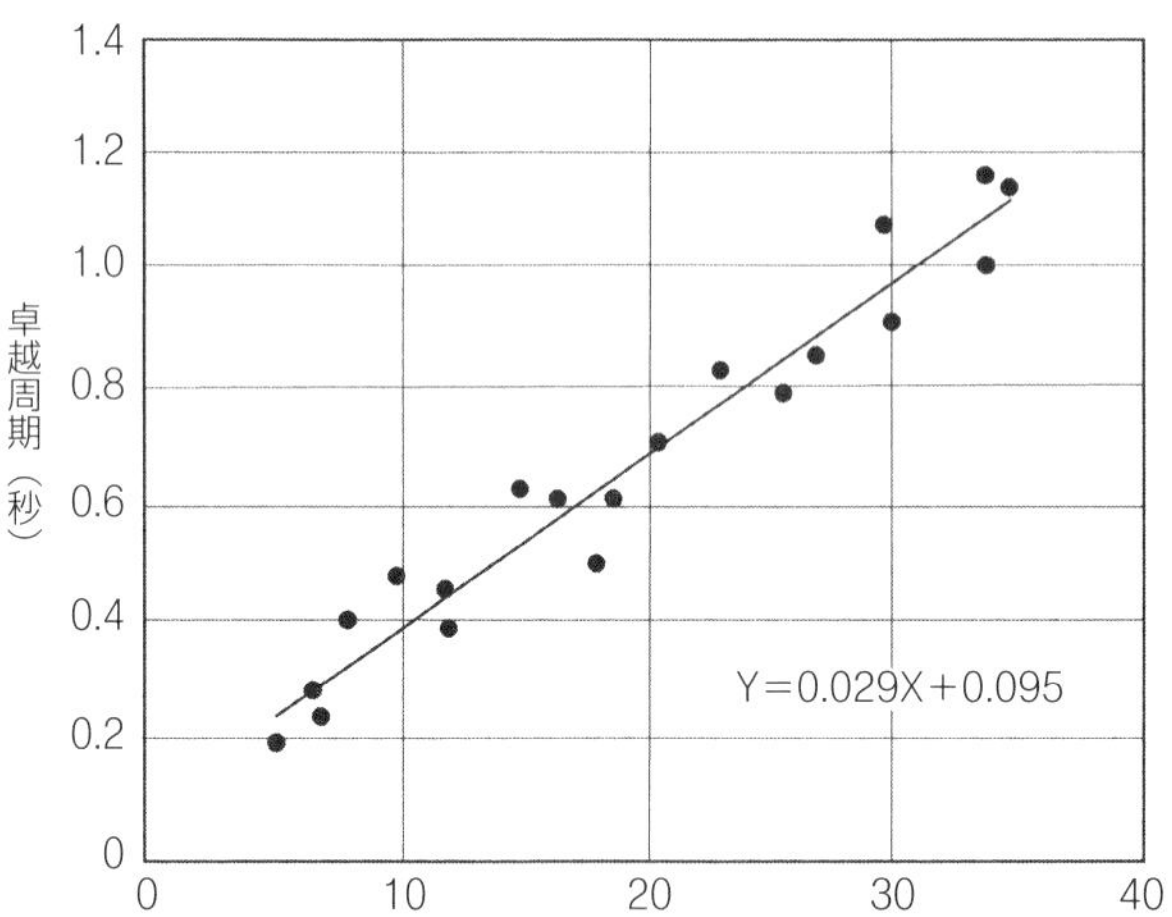

図7　沖積層厚（X）と卓越周期（Y）の関係
沖積層厚が大きくなると卓越周期が長くなる。どこの低地でも現れる現象だが、沖積層の固さが地域によって異なるので、回帰式がどこでも同じ結果になるわけではない。

る。この式を「回帰式」、直線を「回帰直線」という。回帰式を使うと、沖積層の厚さがわかれば、卓越周期を求めることができる。

ボーリング資料がない場合には、常時微動を計って地震の際に揺れやすい周期を推定するのだが、沖積層厚の分布図があれば、何点かで常時微動を計って回帰式を求めれば、任意の地点での卓越周期を求めることができる。

4 他分野とのコラボレーション

筆者の専門は、地理学の主要分野を占める地形学である。常時微動の測定にはいっしょに行き、測定地点の地形的特徴を観察してくるのだが、常時微動の解析は地震工学の研究者や専攻している学生にまかせるほうが能率的であるし、正確である。しかし、解析手法の原理を理解していないと、何をやっているのかがわからなくなる。

中学や高校の地理学は、暗記科目といわれる。作業をやるにしても、ふたつの現象の分布図を書いて、それを重ねて説明して終わりということがしばしばある。たとえば、図1がそうである。「台地と低地の全壊率を比べると、低地で高く、台地で低い」と説明して終わってしまう。なぜそうなるのかを追求しないと、科学にはならない。

地理学のなかにこもっていては説明がつかないことが多い。他分野での考えかたや解析方法を学んで、それを地理学で学んだことに適用することが重要である。他分野の専門家とフィールドワークでコラボレーションしながら科学的に因果関係を追求するのは、地理学の醍醐味である。

最小自乗法
ひとつの観測点で沖積層厚（X）と卓越周期（Y）というふたつの値が得られたとする。図7は、その値をグラフ上に記入したものである。Xが大きくなると、Yも大きくなる。両者の関係を直線Y=AX+Bで表すためには、AとBの値を決めなければならない。最小自乗法では、各点から直線までの垂直距離の自乗の和が最小になるように決められる。

〈参考文献〉
武村雅之『関東大地震　大東京圏の揺れを知る』鹿島出版会　二〇〇三年

松田磐余（まつだ・いわれ）

大学での授業やアルバイトでフィールドに出かけたことはあるが、自分の研究として取り組んだのは修士論文でとりあげた濃尾《のうび》平野の地形調査が最初である。以来、平野の地形発達史を軸にし、平野の地形や地盤のちがいが水害や震害にあたえる影響を、河川工学や地震工学の研究者と被災地を調査しながら研究してきた。大学退職後は、災害に遭いにくい居住地の選択には、地形発達史の知識が必須であることを、一般市民のかたがたに啓蒙することに努めている。

＊　＊　＊

■わたしの研究に衝撃をあたえた一冊『国土の変貌と水害』

一九七一年に本書は出版された。この年に環境庁が設置されたが、経済成長が最優先される時代で、環境に対する認識は低かった。このような時代に、経済や都市の発展が国土を変貌させ、それが水害を激化させることを、フィールドワークを通じて実例を示し、警鐘を鳴らした。「土木技術は、将来にあたえる影響を熟慮して使われるべきである」という著者の主張に深く感銘した。自然と人間とのかかわりを、災害を通じて考えるわたしの研究の原点である。

高橋裕著
岩波新書
一九七一年

自然はわたしの実験室　宍道湖淡水化と「ヤマトシジミ」

――山室真澄

1　自然はどこかで実験してくれている

環境の持続性が深刻に問われている現在、環境問題に関心をもつ人は多いだろう。人間が何かすることで環境はどう変わるのか、それに対して生物はどう対応するのか――。古環境の変化によって生物がどう進化したのかを実験で再現することができないのと同様、現在の人為的な影響であっても、それを実験室で再現することはかなりむずかしい。

しかし、実験室で再現できないからといって、説得力がないとは限らない。わたしにとって、自然環境は巨大な実験室だ。自然はどこかで、わたしたちが知りたいことをこっそり実験してくれている。それをどう見えるかたちにするか、合理的に納得できる結論を引きだすか。そこにこそフィールドワークの魅力があると思う。

2　卒論研究で宍道湖《しんじこ》へ

学部三年だった一九八三年三月、はじめて見た宍道湖《しんじこ》（島根県）には、黒い体に金色の目が爛々《らんらん》と光る水鳥が無数に浮かんでいた。目が金色、体は黒くて雄の翼が白いことから、「キンクロハジロ」とよばれている鴨だ。なぜ、この湖にはかくもたくさんのキンクロハジロがいるのか――。餌になる二枚貝が無尽蔵にいるからだと、あとになって気づく。

当時の宍道湖は、淡水化問題で脚光をあびていた。宍道湖は、下流にある大橋川を通じて、中海《なかうみ》という海水の半分から海水並みの塩分をふくむ湖とつながっていて、宍道湖自身は海水の約一〇分の一の塩分になっている。海水と淡水のあいだの塩分の水は「汽水」とよばれ、宍道湖と中海は日本最大面積の汽水域だ。その宍道湖を中海ともども淡水にしてしまおうというこの計画は、公共工事を中止するのかどうかという政治的な意味あいとともに、人為的改変によってどのような変化が起こるのかを予測する科学のありかたを問う大問題だった。

発端は、一九六三年にはじまった米の増産をはかる「国営中海干拓事業」。中海の一部を干拓・埋め立て、同時に中海と宍道湖を淡水化して農業用水にあてるというものだった。一九七四年に、淡水化のためにつくられた中浦水門が完成、一九八一年には中海を海から遮断する森山堤防が締め切られた。このころになって、淡水化による水質の悪化と、松江のシンボルともなっている「ヤマトシジミ」の全滅を懸念する住民によって、淡水化反対運動が起こっていたのだ。

写真1　現在の宍道湖でのシジミ漁のようす。ここから松江市の繁華街まで、徒歩でわずか10分ほどだ。

3　ヤマトシジミ

「ヤマトシジミ」という二枚貝は、味噌汁の具に使われる「シジミ」のことだ。日本には三種類のシジミがいて、淡水にすむのがマシジミとセタシジミの二種類、汽水にすむのがヤマトシジミである。ヤマトシジミとセタシジミは放卵・放精をおこない、大量の子孫をのこす。これに対してマシジミは卵胎生なので子どもの数はすくなく、流通にのるほどの漁獲は望めない。そして、セタシジミは琵琶湖固有種で、琵琶湖の水質悪化にともない漁獲量が激減していた。汽水性のヤマトシジミは、たとえば宍道湖の漁師さんたちが当時「湧くように増える」と表現していたほど、増殖力豊かな水産資源だった。

ヤマトシジミがとれる水域は、かつては各地にあった。なかでも市場への供給が可能なほど豊かなヤマトシジミ漁場だったのが、八郎潟《はちろうがた》（秋田県）、霞ヶ浦《かすみがうら》（茨城県・千葉県）、長良川《ながらがわ》（岐阜県・三重県）、そして宍道湖だった。八郎潟は日本で二番めに大きい湖だったが、干拓によって面積が二二〇平方キロから二七・七平方キロに縮小し、わずかにのこった水域は、現在では八郎湖といわれ、淡水化によって汽水性のヤマトシジミはとれなくなった。霞ヶ浦も、首都圏の水需要をまかなうために淡水化され、ヤマトシジミ漁は消滅した。長良川も、長良川河口堰《ぜき》運用後に漁獲量が激減した。

次々と産地が減っていくなかで、宍道湖のヤマトシジミ需要は高まる一方だった。淡水化が目前に迫った一九八〇年代後半の宍道湖でのシジミ漁獲量は、年間一万トン以上。日本人が食べるシジミの半分以上が宍道湖から供給されていた。

写真2　宍道湖の岸辺は、どこもこのようにシジミの殻でおおわれている。

これほどの産地を、米の増産が当初目的だった事業のために潰してしまっていいのか。宍道湖淡水化問題は、島根県にとどまらず全国的な関心をよんでいた。

4 淡水化と水質

一九八三年、淡水化した霞ヶ浦では、富栄養化によるアオコが史上最悪の状態に達していた。宍道湖は淡水化すると現状より水質がよくなると説明されていたが、霞ヶ浦を視察に行ったシジミ漁師さんたちは、アオコ臭漂う霞ヶ浦を前に、宍道湖は淡水化すると死の湖になると確信した。

宍道湖・中海が淡水化したらどのような影響があるのか、農林水産省によって報告書が提出されていた[1]。このときの最大の論点は、農林水産省側が唱えた「淡水化すれば両湖沼の水質が浄化される」という予測が正しいのかどうかであり、ヤマトシジミが全滅することは問題にされていなかった。淡水になったらなったで、淡水の漁業資源を移入すればいい。そんなスタンスで事業がすすめられていたからだ。このため、当時の島根県水産試験場内水面分場は、宍道湖岸ではなく、峠を越えて車で四〇分くらいかかる山奥に建てられていた。淡水化後の宍道湖に移入する淡水魚を飼育するためには、きれいな淡水が豊富に使える清流沿いに建てざるをえなかったのである。

完成段階にあるこの公共工事を、このまますすめるべきか否か。国とともに事業をすすめてきた島根県・鳥取県は、農林水産省の調査に関わっていない第三者の立場にある科学者に、農水省による影響評価の内容の検討を委嘱し、委員たちは以後「助言者会議」とし

アオコ
富栄養化がすすんで大量発生したラン藻類《そうるい》が池や湖の表面に浮かびあがり、水面に緑色の粉を浮かべたような状態になること。

て検討をおこなった。この委員のひとりが、東京大学工学部の西村肇《にしむらはじめ》教授。その西村教授が宍道湖に送りこんだのが、わたしだった。

5　環境問題に取り組む

環境問題に関心をもっていたわたしは、東京大学文科Ⅲ類に入学してすぐ、西村教授が主宰する「環境問題研究法入門」というゼミに通った。このゼミでは座学はほとんどなく、西村研究室の研究生や大学院生がリーダーとなって、環境問題に関するフィールドワークをおこなっていた。そのひとつが、当時アセスメント段階だった関西空港造成が沿岸環境におよぼす影響の調査である。大阪出身のわたしはこのグループに入り、多毛類という無脊椎動物を指標にした影響評価に取り組んだ。

わたしたちのグループは、大阪府水産試験場からエックマン・バージ型採泥器（次ページ写真3）をお借りして、海底から泥を採った。はじめての作業でもたついていたら、途中で消波ブロックに採泥器がひっかかってしまい、サンプリングはそこで中断。わずかのサンプルから多毛類らしきものを拾いだしてスケッチし、多毛類の分類では世界的な権威である国立科学博物館の今島実先生にアポをとってお見せした。

今島先生は、わたしのスケッチをひと目見るなり吹きだした。

「きみ、これは尻尾だ。頭じゃない」

その多毛類は、いかにも尻尾のように先がすぼんでいるのが頭で、鰓《えら》状のものがたくさんついていて、わたしが頭と信じてスケッチした部分が尻尾だったのだ（次ページ図1）。

「同定を覚えたいなら、しばらくここでアルバイトしながら勉強してはどうですか。東京湾のサンプルがたくさんあるので、そのソーティングをしながら覚えるといい」

願ってもない条件のもと、内湾に出てくる多毛類についてはひととおり「頭」が見わけられるようになった。

東大では、二年の前期が終わるころに**進学振り分け**（通称「進振り」）というものがある。もともとは国際関係論に進学して国連環境計画（ＵＮＥＰ）に勤めようと思っていたわたしは、進学先を迷うようになっていた。西村研で研究するうちに、公共工事に関する影響評価が常に正しいとは限らないことに気づいてきた。このまま文系にすすんでしまったら、

同定
生物の分類上の所属や種名を決定すること。

進学振り分け
二年生の夏学期までの成績をもとに、三年からの進学先を決めることができる制度。

写真3　エックマン・バージ型採泥器。船上から人力で堆積物を採取する。

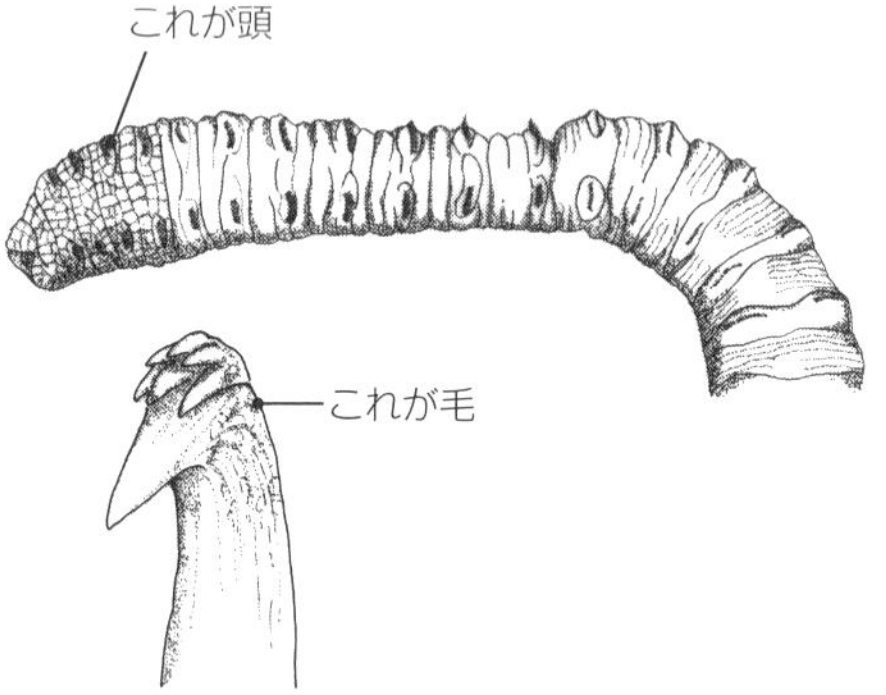

図1　イトゴカイ科多毛類の1種。宍道湖で見つけたもので、新種の可能性が高い。多毛類は貧毛類（ミミズの仲間）より毛が多く、個々の毛はこのイトゴカイ類のように鳥の顔のようなかたちをしているなど、複雑な形態を示すものがある。

ウソの評価書を信じてとんでもない事業をしてしまうかもしれない。ほんとうに環境を守りたいのなら、報告の真偽を判断できる科学リテラシーが必要ではないか。それで、わたしは留年して、二度目の進振りで裏ワザを使って、文Ⅲから理学部地理学教室に進学した。

進学してからも、わたしは西村研究室に入りびたっていた。そして、たまたま関西空港を率いていた西村研究室のポスドクさんが宍道湖の状況確認に行った際に、水産試験場に同定できずに放置された多毛類サンプルがあるのを見かけ、卒論研究として多毛類と水質・底質との関係を調べてはと思いついた。

「まずはサンプルを見に行ったら？」ということで、春休みに大阪に帰省する機会をとらえて松江に向かった。水産試験場の方が迎えにきてくれるまでの時間つぶしに、卒論のフィールドになるかもしれない宍道湖を見に行って、キンクロハジロに圧倒されたのだった。

ポスドク
ポストドクターの略。博士課程を終了し、常勤研究職になる前の研究者で、大学などの非常勤職員として雇用され、研究活動をおこなっている。全国にはおよそ一万人以上がいるといわれている。

6　フィールドワーク

水産試験場の多毛類サンプルにも圧倒された。当時の島根県水産試験場三刀屋《みとや》内水面分場の中村幹雄《なかむらみきお》氏は、「宍道湖は淡水湖として水産増殖をはかる」という県の方針に堂々とたてついていた。その中村氏は、汽水湖である現在の宍道湖の立役者であるヤマトシジミ、そしてヤマトシジミを中心とする底生動物（湖底に住む動物）の現状を、できる限り詳細に記録したいと考えた。それで二四八地点ものサンプリング地点を設けて、底生動物の採取と環境計測をやってしまったのだ。一九八二年夏のことだった。とったはいいが、貝以外に出てきた多毛類は、中村氏に同定できる動物ではなかった。おそらく数種類以上いるとはなんとなく察せられたが、お手上げ状態だった。

西村先生から多毛類の同定ができる学生が派遣されると聞いて、中村氏は博士課程の学生がくるものと期待していた。ところが、きたのが、どう見ても高校生にしか見えないわたしだったので、一瞬呆然としたという。

初対面の中村氏に向かって、大胆にもわたしはこうお願いした。

「夏という季節は、成層（水に密度の差ができて、混ざらない状態）しやすいです。一九八二年夏のこのデータを見ても、宍道湖は極度に成層して、湖盆部は酸欠しています。このように生物がそもそもすめない状況では、多毛類を使って環境をわけることはできないと思います。もうすこし底生動物が生きやすい環境条件で環境と動物の関係を見たほうが、淡水化の影響が見やすくなると思いますが、いかがでしょうか？」

二か月かかった二四八地点のサンプリングにいささかバテていた中村氏は、もうこんな調査はかんべんだと思っていた。それで、「もうすこし地点数を減らせるならば」と答えた。ヨシヨシと思って帰京して、溶存酸素濃度や塩分、堆積物の強熱減量などのコンター（等値線）図を手書きして（当時は、トレース紙にロットリングで図を描いていた）、それらを重ねて地点を決めた。六二地点。複数の要因を重ねた図も手書きして送り、これ以上は減らせないと訴えた。中村氏からは、「これなら一週間でできる。四月からやりましょう」との返事をいただいた。四年生になって早々に、宍道湖でのフィールドワークがはじまった。

「どうせやるなら、生物をとるだけでなく、その生物に致死的な要因も解明したい」と、わずかな期間にがんばって文献レビューして、硫化水素が効きそうだと思った。蒸留装置

強熱減量
一定温度以上で焼くことで減る重量。有機物量と正の相関にあると考えられている。

やらなにやら、水産試験場にはなさそうなガラス器具を送り、調査日までに組み立てて、いざ出陣。

しかし、その日のうちに硫化水素の分析はあきらめた。ビニール袋に入れたヘドロ臭たっぷりのまっ黒な泥が、一時間もしないうちに灰色になっている。ビニール袋から酸素が入ってしまっていることは明らかだった。そういえば、密閉容器に入てウンタラカンタラとか書いてあった。「密閉」というのはそれくらいシビアなレベルだったことを理解した（写真4）。

それでも、ボートで湖面を走りまわりながら測定器で水温やpHを測り、泥をとって、ときどきシジミ漁師さんの船とすれちがって中村氏が話すのを聞いたりして……という体験は、じつに新鮮で楽しかった（写真5）。

日が暮れると、水産試験場にもどって、休む間もなく篩《ふるい》でふるって、底生動物をよりわける。まだ生きているゴカイやミミズは、透明だったりピンクだったり。三月に見た硬直したホルマリンサンプルからは想像もできないほど生き生きとした色で動いていて、餌を探しまわったりしている。

「こいつら、どう動くんだろう、何を食べるんだろう？」

結局はホルマリンを入れて固定（＝殺人ならぬ殺虫？）しなければならなかったのだけれど、きょうの昼間まで彼らが生きてきた宍道湖の湖底で、これらの生物がどのような営みを続けていたのかなど思いながら、水産試験場の片隅で寝っ転がって、翌日に備えた。

写真4　手づくりの硫化物測定装置。一生懸命に組み立てたが、結局まったく使用せずに送り返した。

写真5　調査中、シジミ漁師さんの船とすれちがい、情報収集。

7　見えないことの見える化

そんなフィールドワークを春と秋にやっていたころ、宍道湖淡水化問題は、いよいよ大詰めを迎えつつあった。農林水産省側が影響評価に基づいて唱えていた「淡水化すれば両湖沼の水質が浄化される」という予測が正しいのかどうか――。これに対して中村氏は、「シジミがこんなにいるんだ。そして、シジミは湖水を濾過しているんだから、シジミがいなくなるような淡水化で水質がよくなるハズはない」と主張していたが、根拠がなかった。しかし、わたしにはひらめくものがあった。彼らが湖底でやっていることを見えるかたちにすればいいんだ。

わたしは、さっそく西村教授に電話した。

「記者に取材にきてもらってください。実験で明らかにできますから」

そして中村氏には、鯉の餌とビーカーとシジミを手配してもらった。鯉の餌は、そのままだと水面に浮くが、粉々にすると水中に懸濁《けんだく》することをたしかめた。これでよし。

記者さんの前で実験をはじめた。ふたつのビーカーがある。ひとつにはシジミが入っている。もうひとつは、何もない。そこに砕いた鯉の餌を入れる。シジミがいないビーカーでは、いつまでも鯉の餌がのこって濁っている。そして、シジミがいるビーカーでは、あっというまにシジミが懸濁物を濾過して、ビーカーの水が澄んでいる。

ふたつのビーカーの写真は新聞で報道され、淡水化すれば水質がよくなるという農水省の見解を信じる人はほとんどいなくなった。

新聞の写真はともかく、ほんとうにシジミが水質を浄化することを科学論文で示すには、このような実験ではおおざっぱすぎる。そこでわたしは、多毛類調査と平行して宍道湖の水を使って再度実験し、懸濁物濃度の減少から浄化効果を証明して、海外の学術雑誌に投稿した。シジミが水質浄化するというアイディアはもともと中村氏の主張だったので、筆頭著者には中村氏になってもらった(2)。他方、卒論としてすすめていた多毛類の研究も、何が多毛類にとって致死的かを推定する統計手法を提案する論文として、海外の学術雑誌に掲載された(3)。

卒論研究でも、そして卒論のあいまにやっていた実験結果でも、世界ではじめての報告として国際誌に掲載される。わたしはきっとまだまだフィールドからたいせつなことを引きだすことができる。UNEPに就職するのは「修士号をとってからにしよう」から、「学位をとってからでいいや」になり、そのまま地質調査所という研究機関に就職してサンゴ礁による二酸化炭素固定機能の研究に従事、各国のサンゴ礁でフィールドワークを展開することになる。

そして一九八八年五月、島根・鳥取両県の知事は、事業主体の農林水産省に対して淡水化試行を当面のあいだ延期すると回答。二〇〇〇年には「国営中海干拓事業」そのものが、国による大型公共事業としてははじめて中止になり、宍道湖の汽水環境は守られた。

山奥にあった三刀屋内水面分場は、いまでは水産技術センターと名前を変えて、宍道湖の湖岸に建っている。

〈参考文献〉
（1）農業土木学会・宍道湖中海淡水湖化に伴う水管理及び生態変化に関する研究委員会「宍道湖中海淡水湖化に関連する水理水質及び生態の挙動について　中間報告」642ページ　一九八三年
（2）Mikio Nakamura, Masumi Yamamuro, Masanobu Ishikawa and Hajime Nishimura (1988) Role of the bivalve *Corbicula japonica* in the nitrogen cycle in a mesohaline lagoon. Marine Biology. vol.99 no.3, p.369-374.
（3）Masumi Yamamuro, Mikio Nakamura and Hajime Nishimura (1990) A method for detecting and identifying the lethal environmental factor on a dominant macrobenthos and its application to Lake Shinji, Japan. Marine Biology. vol.107 no.3, p.479-483.

山室真澄（やまむろ・ますみ）

物心ついたころから、父につれられ、父の実家がある三重県の里山で植物調査（＝食べられる野草探し）をはじめる。本格的なフィールドワークは高校生物部での陸生貝類（キセルガイの仲間）や後鰓類《こうさいるい》（ウミウシの仲間）の分布調査。大学入学以後は、大阪湾を皮切りに日本の汽水湖沼（北海道から九州まで）、淡水湖沼（バイカル湖、中国雲南省の高山湖沼をふくむ）、太平洋各地のサンゴ礁や海草藻場《かいそうもば》をフィールドとして、環境問題解決に向けた研究をすすめている。

＊　＊　＊

■わたしの研究に衝撃をあたえた一冊『水俣が映す世界』

全学ゼミの最初の講義は水俣病だった。いくつか本を読んだうえでわたしは、「胎児性水俣病は毒が胎盤を通ってしまうという、深刻な問題だと思う。現状を教えてください」と原田先生に手紙を出した。先生は、学部一年生にすぎないわたしに、専門の論文数編と胎児性水俣病の意義を解説した手紙をくださった。水俣病と同様に社会問題である水環境問題は、科学的に正しい主張が受け入れられるとは限らない。それでも、原田先生のようにあきらめることなくがんばろうと思う。

原田正純著
日本評論社
一九八九年

風穴をさぐる

——清水長正

1　風穴《ふうけつ》を見直そう

風穴というのは、山の斜面から冷たい風が出る場所、あるいはそうした現象をさす。地下に高低差があるトンネル状の空隙《くうげき》があれば、そこに生じることがある。南西諸島をのぞく日本列島の各地に分布しており、欧米や東アジアなど世界各地にも存在することが知られている。しかしながら、これまで気象関係や植生関係の一部では注目されてはいたものの、一般には富士山麓にある熔岩トンネルの風穴が知られているくらいで、自然地理学や地質学ではこれまで、あまり関心をもたれてこなかった（写真1）。

とはいえ、まったく無視されてきたというわけではない。ほとんど知られていないことだが、日本の山間地では江戸期半ばからすでに風穴が見出されており、明治期以降には全国各地で、蚕種《さんしゅ》（蚕の卵）用の天然冷蔵庫として利用されていた。また、風穴のしくみに関する研究も二〇

写真1　富士風穴（熔岩トンネル）の入口（2009年撮影）

世紀初頭からはじまっている。こうした風穴の利用と先駆的研究を顧みれば、日本は明らかにその利用と研究の先進国だったのだが、昭和期になって以降は、一部の風穴をのぞいて長く忘却されてきた。

いまここに至って、まさに天然エネルギーを利用する節電対応策のひとつとして、風穴を大いに見直すべきときにきているように思われる。

2　風穴が形成される場所の状態とフィールドワーク

まずは、風穴のある場所を確認するフィールドワークだが、山の斜面のピンポイントにあるので、探しあてるのはそう簡単ではない。とはいえ、地下にトンネル状の空隙をつくるには、地形や地質条件が限られる。それは次のような場所であり、こうした条件下にあるところで目星をつけることになる（図1）。

・崖錐《がいすい》（崩れた岩屑《がんせつ》が堆積する斜面、写真2）
・地すべり地形（山の一部が塊となって移動した地形）
・岩塊《がんかい》斜面（径一メートルほどの岩塊が磊々《らいらい》と堆積する斜面）
・開口節理（岩の割れ目が開いた部分）
・熔岩トンネル（熔岩の流動時の抜け跡）

これらは特殊な場所というわけではなく、山地一般にふつうにある地形・地質条件だ。火山にもありがちな場所で、熱い噴火のイメージと裏は

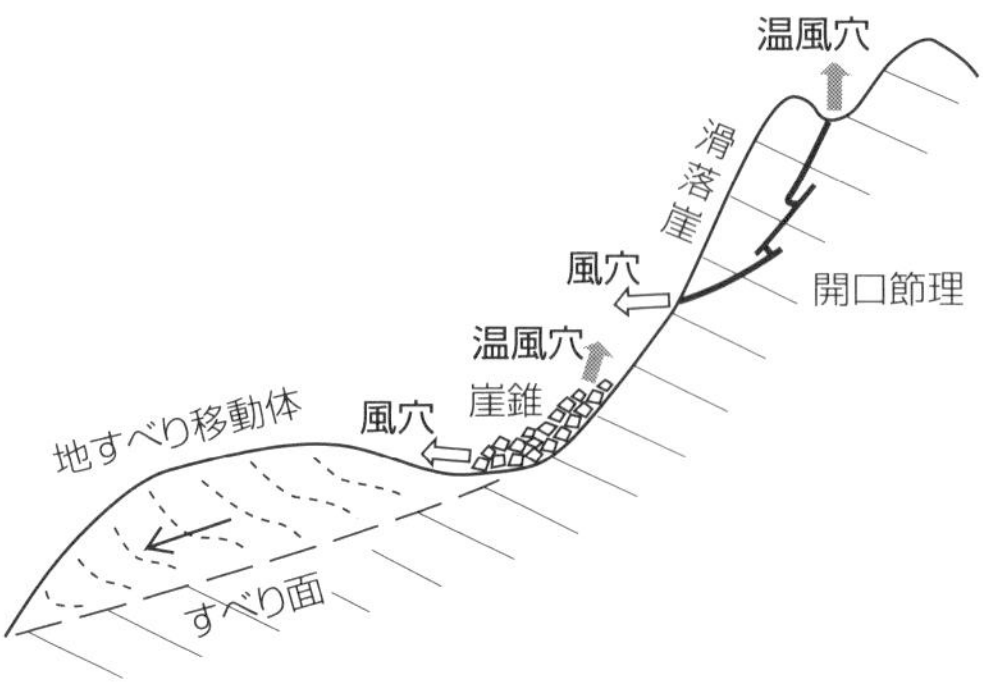

図1　地すべり・崖錐と風穴の模式断面

らに、火山には風穴ができやすい。

いっぽう、石灰岩地の鍾乳洞を風穴という場合もあるが、これらの地形・地質条件下でできる風穴に比べて、洞内の温度がやや高めな傾向がある。

地形・地質の見立ての次が、温度である。温度計を携行することは当然だが、体感的にもヒヤっとくる感じは見逃せない。風穴から数十メートル離れていても、とくに温度の低い風穴では冷気を感じることがある。また、風穴は早春または初夏までの期間に０℃前後の低温を示す傾向があり、その時期には風穴内に地下氷が存在することがある。だから、四月から五月にかけての気温があがりだすころの風穴は外気との気温の差が大きくなり、風穴内に地下氷を見つけやすい時期でもある。中部地方以北の風穴では、周辺の斜面は雪がとけているのに、風穴の周囲にのみ残雪が見られることも多い。

ところで、風穴では、冬季に内部の空気の流れが逆になって、上方の穴から温風を吹きだすことがある。下方にあって冷風を吹きだす「冷風穴」に対して、上方にあって温風を吹きだす穴を「温風穴」と呼んでいる。このことから、風穴が低温になる理由も、次のように考えられている。つまり、「冬季に温風穴からの吹きだしによってピストンのような効果が生まれ、下方の冷風穴へ低温の外気が吸いこまれる。その結果、風穴内が著しく冷やされ、その冷たさが、潜熱の効果なども加わって夏まで維持される」というしくみである。

温風穴は、斜面の上のほうにあることや、夏季には吸い込み穴となって温度も外気温と変わりないことなどから、冷風穴に比べてやや見つけにくい。探すのに適しているのは冬季で、とくに寒さが厳しいときに水蒸気があがる穴とし

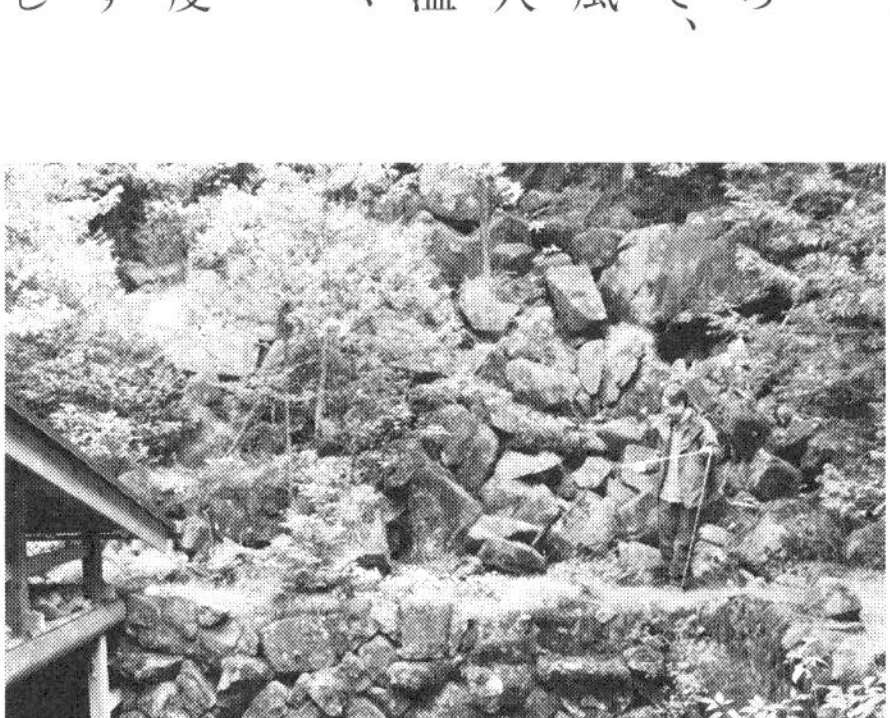

写真２　崖錐の風穴（神坂峠《みさか》　2012年撮影）

て見出される場合がある。多雪地域では、温風の吹きだしによって、雪面に雪がとけた穴が開いているところもある。大正期に温風穴が見出された秋田県大館《おおだて》市の長走《ながばしり》風穴では、二〇一二年に大館郷土博物館のかたがたによって再調査がおこなわれた。同年一月二七日には、昼間の気温がマイナス七・二℃のときに、雪面に開いた穴からは、一六・八℃で秒速最大二メートルもの温風の吹きだしが観測されている（写真3）。

3　過去に利用された風穴をさぐる

信州稲核村《いねこきむら》（現在の長野県松本市安曇《あずみ》）では、宝永年間（一七〇四～一〇年）ごろ以降、風穴を利用した天然冷蔵庫をつくって漬け物保存に利用し、これを「かざあな」または「かざな」と呼んでいた。幕末の文久年間（一八六一～六三年）には、これが蚕種貯蔵用の天然冷蔵庫として利用されはじめた。風穴の低温を活かして通常の春～初夏における孵化《ふか》を抑制し、漸次《ぜんじ》貯蔵風穴から出して孵化させ、養蚕の時期を秋季まで延長させるというのが、その利用目的である。その後、明治期の蚕糸業の振興にともなって各地で風穴が利用され、「ふうけつ」の語は蚕種貯蔵風穴の代名詞となっていた。明治後期には、養蚕農家から蚕種をあずかって貯蔵する「風穴業」が全国に展開した（写真4）。全国で二八〇か所以上の風穴が開発され、農商務省農務局『蚕業取締成績』（大正三～九年）に風穴所在地や所有者名が記録されている（『地

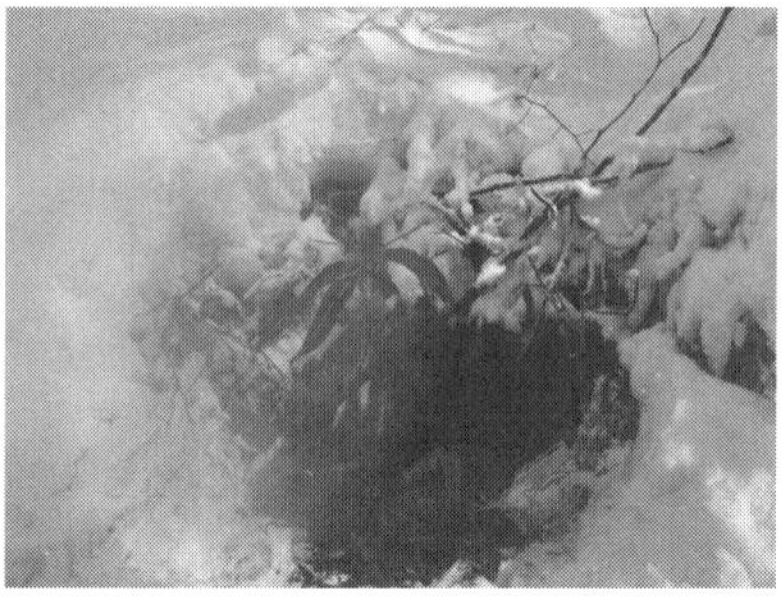

写真3　長走風穴の水蒸気をあげる温風穴（2012年撮影）

写真4　稲核の風穴本元（2006年撮影）

理』二〇〇九年七月号参照)。

蚕種貯蔵風穴の一般的な様式は、斜面の冷風吹きだし部を石垣の法面《のり》として造成し、それを方形に囲うように前方に石室《いしむろ》式の小屋を設けて、奥の石垣のすきまから吹きだす冷風によって小屋内の低温を保つというものである(写真5)。また、富士山麓の熔岩トンネルや、東海・近畿・中国地方の鍾乳洞では、洞穴をそのまま利用していたものもあった。

電気冷蔵庫の普及によって、大正期半ばころから風穴業は衰退しはじめ、昭和初期以降にはその大半が廃業に至った。しかし、昭和期に入ってからは、営林署の指導によって植林用カラマツなどの種子や苗木の保存用として風穴が注目され、各地の営林署管内や北海道の林務署管内の山間地の風穴に、それらを貯蔵する石室などが新設された。また、廃止された蚕種貯蔵風穴を再利用するところもあった。植林用種子の風穴貯蔵は昭和三〇年代ころまで盛んだったようだが、その後は一部をのぞいて使用されなくなった。

現在では、蚕種貯蔵風穴や種子貯蔵風穴の多くがうち捨てられ、藪《やぶ》に埋もれて位置が不明になったものも多い。とくに蚕種貯蔵風穴は、地域の産業遺産として文化財に指定すべき価値があるものと思われるが、これまでに蚕種貯蔵風穴およびその他の風穴が天然記念物や史跡などに指定されたものは次ページ表のとおりで、全国の風穴数に比較してきわめてすくない。

明治・大正期の蚕種貯蔵風穴跡は、位置の再確認が急がれる。風穴近傍《きんぼう》の集落であっても、高齢化・過疎化によって風穴の存在を知る人が激減しつつあるときでもあり、いまをおいて聞きとる時期はないと思われる。

写真5 国史跡荒船風穴の石垣(2012年撮影)

表　文化財指定の風穴一覧表（＊印は、蚕種貯蔵など天然冷蔵庫として利用された風穴）

名　称	所在地	メ　モ
富岳風穴＊	山梨県富士河口湖町	国指定天然記念物／熔岩トンネルの洞穴
鳴沢氷穴	山梨県鳴沢村	国指定天然記念物／熔岩トンネルの洞穴
西湖蝙蝠（さいここうもり）穴＊	山梨県富士河口湖町	国指定天然記念物／熔岩トンネルの洞穴
富士風穴＊	山梨県富士河口湖町	国指定天然記念物／熔岩トンネルの洞穴
富士龍宮風穴＊	山梨県富士河口湖町	国指定天然記念物／熔岩トンネルの洞穴
大室風穴	山梨県富士河口湖町	国指定天然記念物／熔岩トンネルの洞穴
本栖（もとす）風穴＊	山梨県富士河口湖町	国指定天然記念物／熔岩トンネルの洞穴
神座（じんざ）風穴	山梨県富士河口湖町	国指定天然記念物／熔岩トンネルの洞穴
駒門（こまかど）風穴＊	静岡県裾野町	国指定天然記念物／熔岩トンネルの洞穴
万野風穴＊	静岡県富士宮市	国指定天然記念物／熔岩トンネルの洞穴
長走風穴＊	秋田県大館市	国指定天然記念物／高山植物群落
中山風穴＊	福島県下郷町	国指定天然記念物／特殊植物群落
荒船風穴＊	群馬県下仁田町	国指定史跡／蚕種貯蔵所跡
吾妻（あがつま）風穴＊	群馬県中之条町	国指定史跡／蚕種貯蔵所跡
十四の沢永久凍土	北海道上士幌町	上士幌町指定天然記念物
夏氷山（なつごおりやま）風穴	岩手県八幡平市	岩手県指定天然記念物
三関（みつせき）風穴＊	秋田県湯沢市	湯沢市指定天然記念物
ジャガラモガラ	山形県天童市	山形県指定天然記念物
萩野風穴	福島県南会津町	南会津町指定天然記念物
軽水（かるみず）風穴＊	山梨県鳴沢村	山梨県天然記念物
入沢（いりさわ）風穴＊	長野県佐久市	佐久市指定天然記念物
村松の風穴＊	長野県青木村	青木村指定産業史跡
小野の風穴＊	岐阜県高山市	高山市指定天然記念物
古関（ふるせき）風穴＊	岐阜県下呂市	下呂市指定有形民俗文化財
有穂風穴＊	岐阜県郡上市	郡上市指定史跡
河内（かわち）の風穴	滋賀県彦根町	滋賀県指定天然記念物
大成（おおなる）風穴＊	愛媛県久万高原町	久万高原町指定天然記念物

上記のほか、明治末年に建造された蚕種貯蔵風穴そのものがのこる稲核の風穴本元、蚕種貯蔵風穴の建物が復元された長野県大町周辺の猿《さる》ケ《が》城《じょう》（海ノ口）風穴や南鷹狩《みなみたかがり》風穴、福井県荒島《あらしま》風穴、愛媛県大成《おおなる》風穴、島根県八雲《やくも》風穴などがあるが、その他の風穴はあまり注目されることもなく、石垣が崩れるなど荒れるがままとなっているところも多い。

いっぽう、各地のジオパーク内でジオサイトに指定された風穴として、一覧表の荒船風穴と三関風穴のほか、武利《むり》風穴（北海道白滝）、神鍋《かんなべ》山（山陰海岸）、岩倉の風穴（隠岐）、雲仙《うんぜん》普賢《ふげん》岳《だけ》（島原半島）などもある。今後もジオパークの新規加盟が見こまれるので、新たにジオサイトとなる風穴も多いだろう。

フィールドワークの一例であるが、山梨県勝沼の菱山《ひしやま》風穴を探しに出かけた際、菱山集落の家々で聞きとりしたものの、皆目見当がつかず、途方にくれたことがあった。最後に訪ねた山寄りの農家でも、ご当主はまったく知らないとのことだったが、酸素吸入器をつけた先代が二階から顔を出されて、「風穴ならあるよ」と、いとも明確に道順を指示された。風穴の位置は指示どおりの沢の奥で、里山といえるような場所だった。いまでは地元の人も山へ行く用がなくなって忘れ去られていたこの時期に、それを知る最後の証言を得たことはすこぶる幸いであった（写真6）。

蚕種貯蔵風穴のフィールドワークでは、こうした地元の人たちからの聞きとりにまつわるエピソードが、調査したそれぞれの場所で書ききれないほどにある。また、風穴とはいえ人が大きく手を加えた構造物であるので、それを探すには、むやみに山を歩きまわっても無駄足となることが多く、まずは地元のとくに年配のかたからの聞きとり調査は欠くことができない。

写真6　藪に埋もれた菱山風穴

4　風穴がつくる永久凍土をさぐる

盛夏のフィールドにおいて氷が見られるのはすくなからず感動させられることだが、風穴による低温化がきわだつと、それが秋も越えて、年がら年じゅう凍結状態となる。これが二年以上続けば、「永久凍土」の定義にあてはまる。こうした風穴に起因する永久凍土が、北海道中央部のひがし大雪《たいせつ》（大雪山系東部）の低い山々に存在する。大雪山の標高一

永久凍土
二年以上をとおして0℃以下の土または岩石のことで、アラスカ・カナダの北部やシベリア一帯に広く分布する。日本でも、高山の一部に認められている。

六〇〇メートル以高の領域は、寒冷気候ゆえに永久凍土があってもいい高度帯とされているが、それより低いところでは、風穴があるせいで永久凍土がつくられるわけだ。

福山市立大学の澤田結基さんによって、然別湖《しかりべつこ》周辺の山々で風穴と永久凍土の関係が実証されている。ここでは、そうした現象が最初に確認された十勝三股十四《とかちみつまたじゅうよん》の沢《さわ》のフィールドへ出かけてみよう。

十勝三股は、音更川《おとふけがわ》の源流部で、石狩岳（一九六六メートル）、ニペソツ山（二〇一三メートル）、西クマネシリ岳（一六三五メートル）などに囲まれた直径一三キロほどの丸い盆地の中心にある。最近の火山地質の研究によると、この盆地は約一〇〇万年前の巨大噴火による大カルデラと考えられている。一九七〇年ころまでは営林署や林業関係の大集落があり、国鉄士幌線《しほろせん》の終点でもあった。

十勝三股から東をながめると、ツインピークのビリベツ岳（一六〇二メートル）と西クマネシリ岳が見える。その西クマネシリ岳山麓へ、十四の沢林道を約四キロたどると、上士幌町《かみしほろまち》天然記念物の解説板がある永久凍土に着く。一九七二年の林道工事の際に、厚さ三メートル以上の凍土層が現れた場所だ。地下の氷が急に露出してとけだしたため、斜面が不安定になり、高さ一〇〇メートルほどの表層崩壊が発生した。標高八三五メートルという低山で確認された局所的な永久凍土として、当時注目された。現在では、崩壊跡地

写真7　十四の沢永久凍土の地下氷（1982年撮影）

写真8　十四の沢崩壊跡（1982年撮影）

に植生が再生しつつある。林道沿いの岩屑のすき間は八月でも一～三℃くらいの低温で、崩壊後に風穴も再生しているようだ（写真7・8）。

そのまま林道を進むと、うっそうとした針葉樹林の斜面に変わる。こちらの斜面の地下には、永久凍土が残っている。森林の斜面で上下方向に地表面の温度を測定したところ、斜面の下半部で低温を示すことがわかった（図2）。森林の地下には岩屑が堆積しており、そのすき間が風穴となって、斜面下部が低温になるのであろう。むやみに斜面を掘るわけにはいかないので、電気探査によって地下の電気の通じにくさを示す比抵抗値を求め、その値の解析による断面から氷の層を推定してみた。斜面下部から末端にかけて厚さ一～二メートルほどの電気の通じやすい層が現れ、これはおそらく氷をふくむ永久凍土層の一部であろうと判断された。

5　風穴に見られる独特の植生をさぐる

十四の沢の永久凍土上に成立する森林について、一九八六年に森林生態が専門の鈴木由告《よしつぐ》さんや崖錐斜面の研究をしていた山川信之さんらと調査をおこなった。その結果、高木層に大径木のア

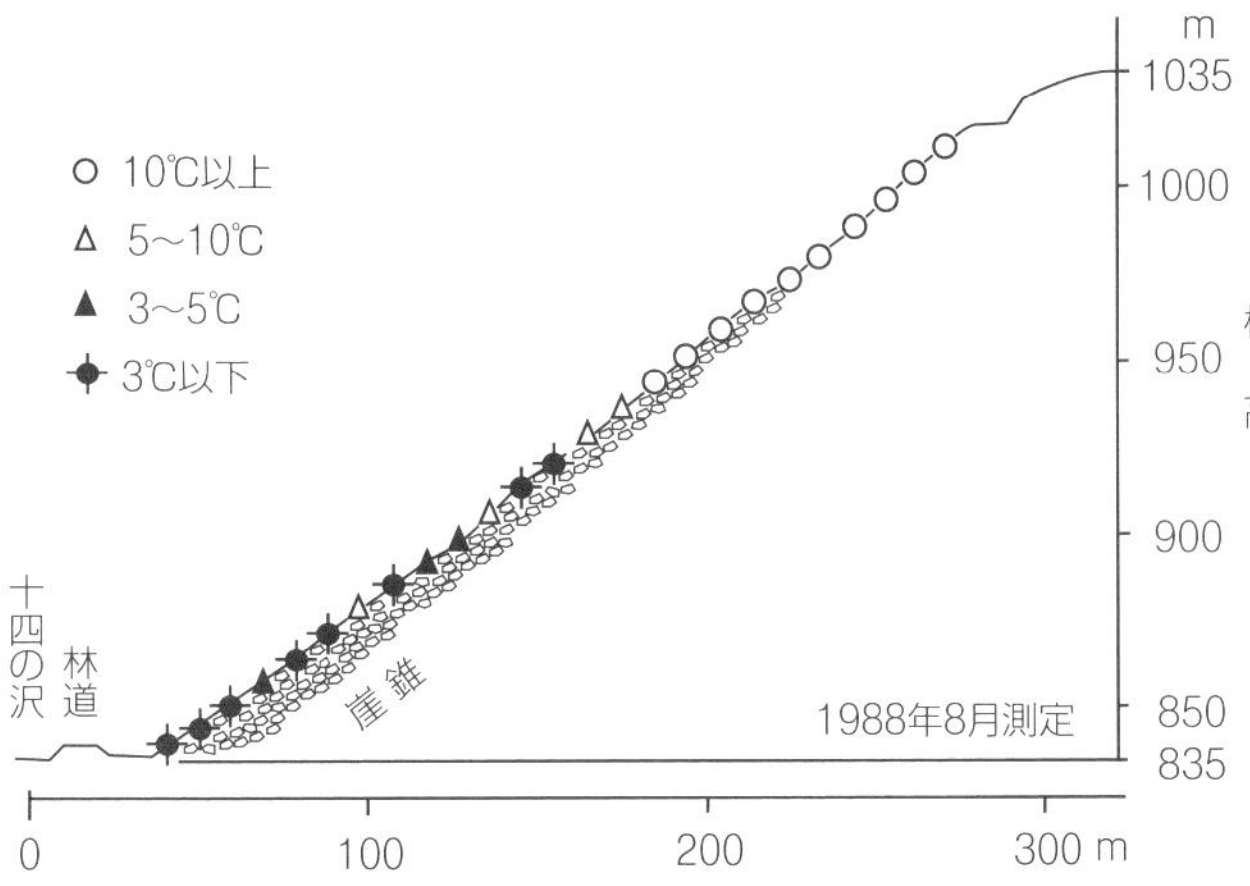

図2　十四の沢の斜面断面と地表の温度

カエゾマツが、亜高木層にトドマツが、林床にイソツツジやミズゴケが組み合わさった、特殊な群落構成であることがわかった。つまり、森を構成する樹木についてみると、湿原や岩屑などのやや不安定な場所でも育つことができるアカエゾマツがもっとも生長しており、トドマツは太くなるまで育たないらしい。また、林床のイソツツジやミズゴケは、凍土層からの低温や水分などによって維持されているようだ。

十四の沢から西クマネシリ岳を経てさらにその東側に、クマネシリ岳（一五八六メートル）がある。この山の北側中腹（一一八〇メートル付近）には、アカエゾマツ林のなかにハイマツやイソツツジが出現する。まとまったハイマツ群落というよりも、アカエゾマツの林床にハイマツが散在するといった景観で、かすかに冷気が漂っている。ここでもミズゴケの下に氷を確認したので、永久凍土の環境なのだろう。日本の高山では、ハイマツ群落が稜線沿いに帯状に広がるのが常だが、樺太《からふと》や沿海州などでは森林の林床に見られるところが多いそうだ。クマネシリ岳では、風穴による地表部の低温の影響によって、そうした寒冷地の景観をつくっているのかもしれない。日本でも、氷期にはそうした植生景観があったことが推定されており、ここは氷期の森を彷彿とさせるような気がしてくるところである。

風穴の低温条件によって、そこの周辺にはない植物が見られたり、群落をつくったりすることがある。クマネシリ岳は、亜高山帯針葉樹林のなかにハイマツやイソツツジなど、ひとつ上の気候帯の植生が分布する好例である（写真9）。ブナ帯のなかにある長走

写真9　クマネシリ岳の氷期の森（2001年撮影）

風穴のコケモモ群落や、中山風穴のベニバナイチヤクソウ、オオタカネイバラなどは、国指定天然記念物としてその価値が認められている。こうした風穴が位置する場所より寒冷な気候帯に育つ植物が、風穴の低温の影響によって周辺のごくせまい範囲に分布する場合を、「風穴植生」あるいは「風穴植物群落」などといっている。氷期の遺存種とかレフュージア（逃避地）などと解釈されるが、いずれにしても風穴という低温条件が局所的な環境をつくりだしている結果にほかならない。風穴は、地下の空隙という表層地質条件をもった場所での一種の気象現象なので、なかなか景観としてはとらえにくいが、このような独特の植生景観をつくることもあるのだ。

清水長正（しみず・ちょうせい）

一九七四年、学生のとき夏休みのレポート課題（段丘調査）で石狩川の上流域へ行ったのがはじめてのフィールドワーク。以来、高い山・低い山・丘陵地のいろいろな斜面地形を調べたり、空中写真判読による地形調査などの仕事をしてきた。一九八七年の十勝三股の永久凍土の調査がきっかけとなって風穴の現象に注目しはじめ、二〇〇三年に明治期以降の風穴に関する多数の資料に出会ってから、全国各地の風穴を訪ねるフィールドワークが続いている。

＊　＊　＊

■わたしの研究に衝撃をあたえた一冊『日本第四紀地図』

研究に衝撃をあたえた一冊といっても、複数あって甲乙つけがたい。制作にも関わったので少々手前味噌になってしまうが、もっとも印象深い本（地図）として『日本第四紀地図』をあげたい。第四紀の地形・地質・海面変化・人類などの事象を地図上にプロットしたもので、編集代表の貝塚爽平《かいづかそうへい》先生が目指していた時間と空間の同時表現がまさに実践されている。貝塚先生のもとでのコンパイル作業のかたわら、受けた啓示は計りしれない。

日本第四紀学会編
東京大学出版会
一九八七年

サンゴ礁景観の成り立ちを探る

——菅　浩伸

1　はじめに

地理学の醍醐味は、そのスペクトルの広さにある。ここでいうスペクトルとは、関係する研究領域の広さであり、人文科学・社会科学から自然科学までを見わたす視野の広さをもつ。地理学が扱う空間は、もちろん全球的な広がりをもつが、時間についても、短期的なものから長期的なものまでさまざまなスケールを対象としている。たとえば地理学で自然を扱うとき、その成り立ちについて考えることは、現在の地形や土地条件を考えるうえで必要なことである。この場合の時間スケールは、考古学や地質学で扱う時間と同様な、長大なスケールをもつ。このように、地理学の対象が大きな時空間と研究領域の広がりをもつため、近隣分野の研究者と共同研究や情報交換をおこなうことは重要である。そして、そこからさらに学際的な研究を展開することができる。

わたしは、熱帯・亜熱帯の海岸をふちどるサンゴ礁の地形を専門としてきた。コバルトブルーからエメラルドグリーンへと移りかわる、すきとおった海の色。サンゴ礁の海は、そこを訪れる人びとの気分をもすきとおらせてしまう魅力をもつ。サンゴ礁の海は、どのような環境にあるのだろうか。そこには、どのような生物がいるのだろうか。そして、サンゴ礁の多様な地形は、どのように成り立ってきたのだろうか。現在の景観はいつごろから成立してきたのだろうか。これらの素朴な問いかけのなかに、じつに多くの学問領域が介在する。地理学と近隣分野とのつながりを考えながら、沖縄の島じまを旅してみよう。

2 沖縄の島じまをふちどるサンゴ礁

南から、八重山《やえやま》、宮古、沖縄、奄美《あまみ》、薩南《さつなん》諸島。総称して琉球列島とよばれるこれらの島じまは、黒潮が貫流する自然豊かな島じまである。黒潮は、海洋学で「西岸境界流」とよばれる大洋の西側で発達する暖流で、厚さ（水深）一〇〇〇メートル以上に達する強い流れをつくる。西太平洋暖水域に源を発し、東南アジアの海洋生物多様性の中心をなすコーラル・トライアングル（coral triangle）の一部を通過するため、琉球列島は世界のサンゴ礁のなかでもっとも種多様性に富む地域のひとつとなっている。黒潮は、台湾と与那国《よなぐに》島《じま》のあいだの水深約五〇〇メートルの海峡部から東シナ海へと流れこむ。しかし、その厚い流れのすべてがこの海峡部を通過することはできないため、水深五〇〇メートルより深層の流れは、おもに琉球列島の東側（太平洋側）を通過する。東シナ海を北上した黒潮の表層流は、奄美大島の北にあるトカラ海峡から太平洋へ出て、四国沖へ達する。いっぽう、東シナ海から北上した黒潮の分流は、対馬《つしま》海流として日本海へ流れこむ。黒潮は、琉球列島から日本列島の温暖な自然環境をつくる重要な役割を果たしている。

サンゴ礁は、熱帯水界の生物である造礁《ぞうしょう》サンゴやサンゴモなどの造礁生物が、何千年ものの時間をかけてその骨格を積みあげながらつくってきた地形である。熱帯生物がつくる地形ゆえに、岩石海岸や砂浜海岸などほかの海岸地形の形成過程よりも、気候変化や海洋環境の変化による影響を受けやすい。とくにサンゴ礁の北限域に位置する琉球列島では、過去の寒冷期から現在の温暖期にかけての環境変化が、サンゴ礁の形成に大きく影響してきた。

約二万年前の最終氷期に形成された琉球列島のサンゴ礁は、伊良部島《いらぶじま》沖の水深一二五メートルから発見されている。[1] このサンゴ礁を構成するサンゴは、現在の九州北部などで卓越するキクメイシ科であり、今日の琉球列島で見られるようなサンゴ群集ではなかったと考えられている。伊良部沖で発見されたキクメイシ科のサンゴ骨格中の微量元素（Sr/Ca）と酸素安定同位体比（$\delta^{18}O$）から、約一万六〇〇〇年前は現在よりも海水温が五度低かったこと、現在よりも海水の塩分がすくなくとも〇・二‰（パーミル）程度高かったことがわかっている。[2] 高塩分の要因として、夏のモンスーンの弱化による夏季降水量の減少と、冬のモンスーンの強化による蒸発量の増大が考えられている。氷期の黒潮が東シナ海へ流れこんでいたか沖縄東方海域を北上していたかは議論があるところだが、海底堆積物コアの分析から、東シナ海への本格的な流入は約九〇〇〇年前以降と推定されている。[3] 琉球列島で現在発達しているサンゴ礁が本格的に形成されたのも、約九〇〇〇年前以降である。

3　サンゴ礁の成り立ちを探る

サンゴ礁の成り立ちを調べるには、ボーリング調査によってサンゴ礁を貫くコア試料を

‰（パーミル）　一〇〇〇分の一を一とする単位。〇・二‰は、〇・〇二％となる。

採取するのがもっとも効果的であり、一般的である。サンゴ礁を構成する造礁サンゴは炭酸カルシウムの骨格をつくるため、試料が続成作用さえ受けていなければ、放射性炭素年代測定法でコア中のサンゴが生息した年代を求めることができる。その年代をもとに、いつごろ、どのように、サンゴ礁ができてきたのかを、推定することが可能である。わたしは学生時代、指導教員だった高橋達郎先生が率いる琉球列島久米島でのボーリング調査[4]に参加させてもらって、その醍醐味に触れた。多数の年代測定結果をもとに断面図に等年代値線をはじめて描き、サンゴ礁の成長過程が可視化されたときの感激は、いまでも忘れることはない。

しかし、ボーリング調査にはお金がかかる。わたしは、博士課程にすすんで自立して研究をすすめようとしたとき、この問題につきあたった。試行錯誤しながらはじめたのが、サンゴ礁に開削された港湾の水路へ潜ることであった[5]。

沖縄の島じまは、周囲をサンゴ礁にとり囲まれている。昔、伝統的な漁船「サバニ」に乗った漁師は、潮が満ちたときにサンゴ礁を越えて外洋の漁へ出かけた。しかし、大型船が航行する時代になって、サンゴ礁の一部が開削されて航路がつくられるようになった。サンゴ礁の開削の是非には議論があろうが、そうやってできた航路は、わたしにとってたいへん魅力的であった。なぜなら、ボーリングをすることなく、ハンマーとタガネさえもって潜水すれば、現成サンゴ礁を切った露頭が目の前に現れ、試料を採取することができるのだから。

わたしは、空中写真などの資料を集めて、どの水路がどのようなタイプのサンゴ礁を切っているかを調べた。そして、いくつか候補を絞って現地へ赴き、大型船が航行しないと

続成作用
堆積物の固化・岩石化の過程で、鉱物の変化・結晶化、セメント鉱物による孔隙の充填などによって、もとの堆積物とは異なった化学的性質をもつ堆積物へ変化する作用。

放射性炭素年代測定法
炭素14年代測定法。サンゴや貝殻、木片などにとりこまれた炭素の放射性同位元素（^{14}C）が放射壊変し、五七三〇年で半減する物理現象を使って、試料生成後（たとえば生物の死後）に経過した時間を計る年代測定法。

等年代値線
地質断面図に地層中から採取された試料の年代値をプロットしたうえで描いた、年代値の等値線。

写真1　沖縄・渡名喜島の周りに発達するサンゴ礁（2005年7月に北西側より空撮）

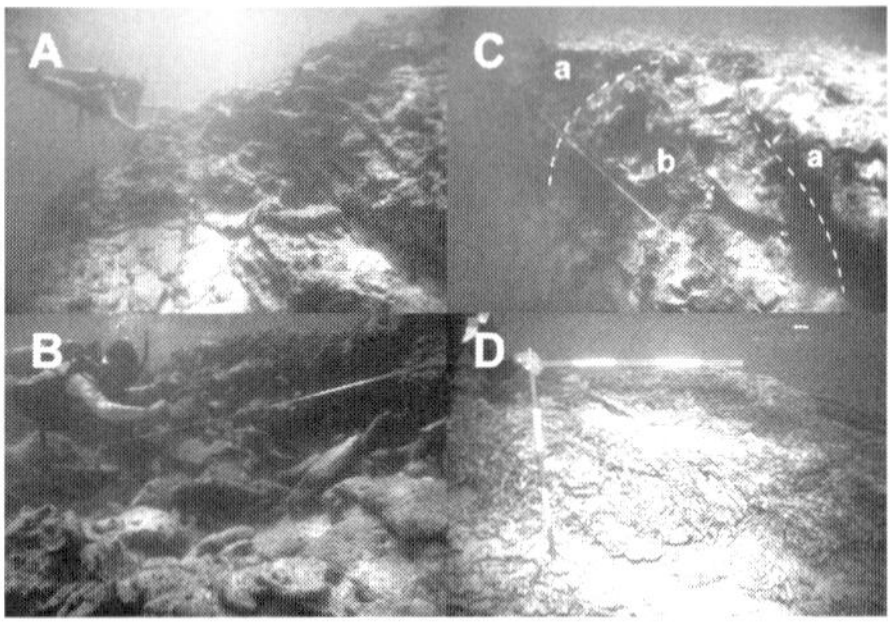

写真2　渡名喜島の水路露頭で観察できたサンゴ礁の堆積構造（1989年10月撮影）

A：厚いテーブル状サンゴが積み重なってできた層相。サンゴ礁外縁付近の高まり（縁脚）によく見られる構造である。

B：テーブル状サンゴが波によってはがされ、波浪の強いサンゴ礁外縁部で転がされることによって丸みをおびた円礫がつくられる。円礫が堆積する層相は、サンゴ礁外縁付近の溝（縁溝）で見られる。

C：過去の縁脚（a）とそのあいだの縁溝。縁脚はおもに板状サンゴによって構成されており、縁溝であった部分には円礫が詰まるように堆積している（b）。

D：露頭のもっとも岸よりに見られる枝サンゴが堆積した層相。赤白棒は、全長1m（各色20cm）。

きを見計らって潜水をくり返した。古い露頭の表面は、藻類《そうるい》などでおおわれている。それを丹念にはがすと、サンゴ礁の堆積構造が現れる。

4　渡名喜島《となきじま》のサンゴ礁と砂州の成立過程

わたしが調査した島のひとつ、沖縄島の西約五五キロに位置する渡名喜島へは、水路の拡幅工事がおこなわれた直後に訪れた（写真1）。離島をつなぐフェリーが入港するこの港では、水深八メートルの航路が開削されていた。削られたばかりの露頭は新鮮で、どの

サバニ
琉球列島で古くから使われてきた伝統的漁船。船体は細長く、船底が平らで喫水が浅い。

部分がどのようなサンゴでつくられているかが一目瞭然であった。造礁サンゴが積み重なってできた部分のあいだに大量のサンゴ礫が詰まっているようすも観察することができた。サンゴ礁の浅礁湖《せんしょうこ》に堆積したもののほかに、礁縁部《しょうえんぶ》の縁溝《えんこう》という幅数メートル程度の溝を埋める円礫《えんれき》も見られた。テーブル状サンゴなどがはがされて、台風時の波浪によって縁溝のなかを転がされながら角がとれて円礫になったものであった。礁縁部では、テーブル状の造礁サンゴでつくられた縁脚《えんきゃく》が柱のように縦に伸び、そのあいだの深い溝に円礫が堆積する。浅礁湖の堆積構造も、サンゴ礫の部分と、その場で生息した原地性の枝サンゴが積み重なった構造が見られ、両者の境界は縦方向に画されていた。ふつう、地層は水平方向の構造をつくるが、一時代に形成されたサンゴ礁の堆積構造では垂直方向の構造をつくり得ることが、具体的に理解できた。また、大きなサンゴ礫の判別など、径五センチ程度のボーリングコアでははっきりわからないことが、露頭では明瞭に観察できた（写真2）。

渡名喜島では、三週間の潜水調査を三度おこなった。露頭の観察が終わり、採取した試料の年代測定も終えてまとめにかかったとき、わたしは興味深い資料に出会った。渡名喜島最古の遺跡「渡名喜東貝塚」の発掘報告[6]である。

渡名喜島では、南北の山地・丘陵地をつなぐ陸繋砂州《りくけいさす》（トンボロ）が人びとの生活の舞台である。東貝塚は、この砂州上に立地する。トレンチの断面には、白色砂層の上に黄褐色土層、その上位に褐色土層が載っており、黄褐色土層から、縄文時代後期の伊波式・荻堂式・大山式、晩期の大山式などの土器が出土する。白色砂層がサンゴ礁生物起源の砂であることを示しており、褐色の腐植土層の出現は、砂州が安定して砂州表面が植生におおわれたことを示している。土器と同じ地層から発掘された貝殻は、約三八〇〇年前（未較

浅礁湖
裾礁《きょしょう》型サンゴ礁で、高まりをなす礁嶺《しょうれい》の陸側に広がる水深数メートルの穏やかな海域。礁池とよぶ場合もある。

陸繋砂州（トンボロ）
離れた島をつなぐように発達した砂州。

正放射性炭素年代値で約三五〇〇年前）を示していた。そして、この年代値は、渡名喜島のサンゴ礁が波を砕く礁縁部の地形をつくりあげた年代とぴたりと一致していた[7]。

サンゴ礁の露頭調査から、もっとも砂州に近い陸側の堆積構造は大規模な枝サンゴ群集の積み重なりによってできていることがわかった。砂州が形成される前、南北の山地のあいだは、枝サンゴ群集が広がる潮通しのいい浅海であったと推定できる（約五七〇〇年前、図-A）。

その後、約三八〇〇年前にはサンゴ礁が島をとりまくように発達し、縁脚縁溝系《えんきゃくえんこうけい》というサンゴ礁ならではの波を砕く地形ができあがった。共同研究者の河名俊男先生（琉球大学元教授）が丹念に海岸の地形と堆積物を調べたところ、約四〇〇〇年前（未較正放射性炭素年代値で三六五〇年前）に〇・九～一・三メートルの海面低下があったことも示唆できた。

縁脚縁溝系の形成と海面低下によって外洋から打ち寄せる波浪が遮られた沿岸部では、島のあいだに砂州が発達し、砂州上で人類が生活を営むにいたった（図-B）。この時期に、砂州は安定した生活地盤となったとみられる。その後、安定した海面のもとで、サンゴ礁が外洋側へ発達して現在の地形ができあがっている（図-C）。

このように、渡名喜島の砂州の発達と安定には、サンゴ礁による消波構造の発達だけでなく、一メートル前後の海面低下も関わっていることが推定できた。ここでは、サンゴ礁と砂州の形成、そして人類の生活が関連して起こっていたのである。約四〇〇〇年前にどのような環境変化があったのだろうか。

年代値
年代値は、暦年であらわしている。未較正年代値は^{14}C年代そのもので、試料の炭素同位対比（$\delta^{13}C$）や海洋リザーバー効果を考慮した較正をおこなっていない年代値。

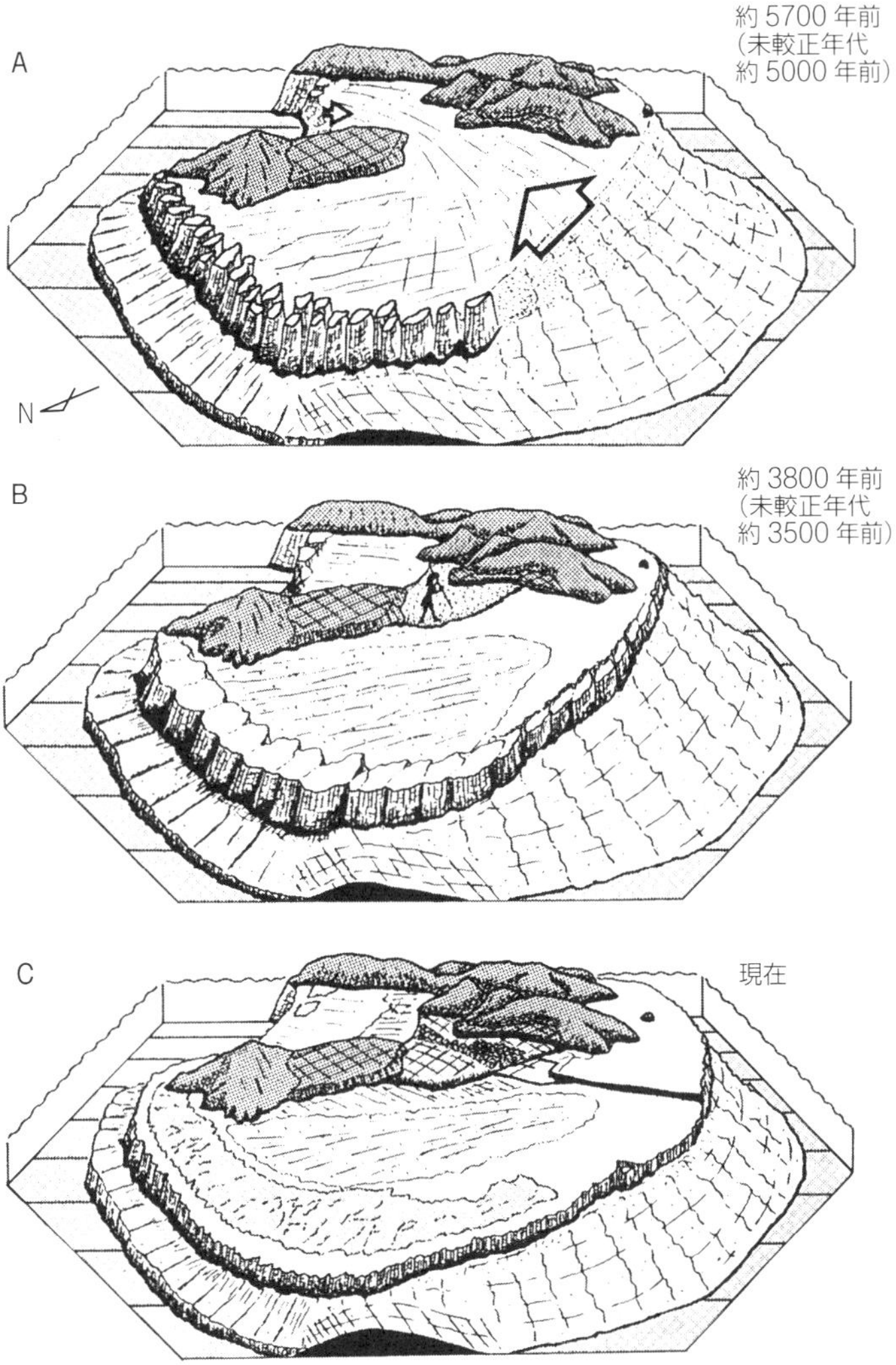

図　渡名喜島のサンゴ礁と陸繋砂州の成立過程[7]（年代値は暦年であらわしている）

5　地球規模の気候変動とサンゴ礁

二〇〇五年夏、わたしの研究室では、トカラ列島小宝島《こだからじま》での調査をおこなった。人口五〇人ほどの島に、トラックで水陸両用ボーリング機をもちこんだ。じつは、渡名喜島などで港の水路を利用した露頭調査をおこなっていたわたしは、その後、株式会社ジオアクト社長の安達寛さんと相談して、水中でボーリング調査をおこなう油圧ボーリング装置をつくっていただき、何度か掘削調査をおこなっていた。スクーバ潜水をしながら、水深一〇メートル前後の礁斜面とよばれるサンゴ礁の外洋側斜面を掘削するのである。日本でははじめてのことだった。水中ボーリングについては紙面の都合上別稿に委ねたいが、小宝島ではこの油圧ボーリング機を陸上で使うことにした。

重いボーリング機材を扱いながらの調査は重労働であったが、三週間以上のあいだ、あたたかい島の人びとのあいだにどっぷりつかって、自然の営みとともに流れる時間のなかで仕事をするのは心地よいものであった。

小宝島は、黒潮が東シナ海から太平洋へ出るトカラ海峡のまっただなかにある。この島のサンゴ礁のできかたは、過去の黒潮変動をよく反映しているかもしれない。島は、独特の地盤運動によって、過去二五〇〇年間に九メートルも隆起している。このため、通常は海のなかでおこなうサンゴ礁のボーリングを、陸地でおこなうことができる。問題は、ドリルビットの最先端に送りこむ水であった。トラックに農業用の巨大な

写真3　トカラ列島小宝島での隆起サンゴ礁ボーリング（2005年8月）
標高9mまで隆起した約2500年前のサンゴ礁外縁（礁縁部）を掘削。

水タンクを積み、海水をポンプでくみあげてボーリング地点に運びながら掘削をすすめた。サンゴ礁の掘削はむずかしい。固いサンゴ石灰岩の固結層が続くなか、突然、砂礫層や空洞が出現する。サンゴ礁特有の複雑な堆積構造によるものである。われわれは、最大一四メートルの長いコアを四本、三メートル程度の短いコアを三本採取した。

この調査を自らの仕事として取り組んだ、当時岡山大学大学院博士課程の学生だった濱中望博士は、港へ続く道路脇にある隆起サンゴ礁を切った露頭に注目した。ボーリング調査のあと、何度も島を訪れ、露頭に糸をわたしてマス目をつくり、サンゴの重なりかたを丹念に記載した。そして、明瞭な不連続面をいくつか発見した。

それは、サンゴの積み重なりが一時期途絶えたことを示していた。年代測定の結果、それらは五九〇〇〜五八〇〇年前、四四〇〇〜四〇〇〇年前、三三〇〇〜三二〇〇年前であり、世界的な気候変動のタイミングとも合致しそうであった[8]。そして、上述のボーリングコアは、温暖期に応じたサンゴ礁の活発な成長も記録していた。

久米島では、東京大学大気海洋研究所・横山祐典研究室の大学院生、関有沙さんが、**離水サンゴ礁**から三八〇〇年前と四五〇〇年前の化石ハマサンゴを採取して、微量元素分析をすすめていた。ハマサンゴは明瞭な年輪をつくるため、熱帯域の古水温など過去の海洋・気候現象を復元するための材料としてよく使われるサンゴである。地球化学の手法を用いた詳細な分析によって当時の水温の季節変化まで復元したところ、三八〇〇年前と四五〇〇年前とのあいだで二度近く（夏季一・九度、冬季一・七度）の水温低下があったことが明らかになった[9]。東シナ海では、黒潮流域で多産する浮遊性有孔虫（Pulleniatina obliquiloculata）がある時期に激減することが知られており、PME（Pulleniatina minimum

離水サンゴ礁
地盤の隆起あるいは海水準の低下（以上を総称して「相対的海水準低下」ともいう）によって海面上（サンゴ礁の形成上限水位である低潮位より高い位置）に姿を現したサンゴ礁。「隆起サンゴ礁」は陸化の原因が地盤の隆起によると特定される場合に使用し、「離水サンゴ礁」は陸化の原因が地盤の隆起に限定されない場合に使用する。

event）と称されている。[10]その原因はまだわかっていないが、時期は四五〇〇年以降で、久米島で得られた寒冷化とタイミングが一致しそうである。

一方、太平洋の東側にあるパナマ沿岸では米国のグループが、約四〇〇〇年前から一五〇〇年前にかけての二五〇〇年間にわたってサンゴ礁生態系が崩壊していたことを、ボーリングコアをもとに明らかにした。[11]大陸西岸を流れる寒流が南北赤道海流へと転じる東太平洋では、熱帯生物のサンゴ群集は脆弱で、環境変化の影響を受けやすい。実際に一九八二〜八三年のエルニーニョの際にも、三種のサンゴがこの海域から姿を消している。[12]約四〇〇〇年前からはじまった東太平洋におけるサンゴ群集の崩壊も、エルニーニョの強度が増して南方振動が活発になった時期[13]と一致する。

6　サンゴ礁の発達と人類の生活史

最近の研究では、一万一七〇〇年前からはじまった完新世の時代にふたつの大きな出来事があったことが、世界各地で復元された古環境変遷からわかってきた。[14]ひとつは約八二〇〇年前であり、もうひとつは約四二〇〇年前である。約四二〇〇年前には北米・南米・地中海・中東・アフリカの広い範囲で乾燥化がすすみ、ヨーロッパでは寒冷化がすすんだ。アジアでも、乾燥化とともに、ときおり訪れる大洪水が特徴的な時期であり、南アジアモンスーンの弱化があったことが指摘されている。このような気候変化は、古代文明の崩壊など、アフリカ・中東・アジアにおいて人間社会の激変も引き起こしたと考えられている。沖縄

冒頭に紹介した渡名喜島では、約四〇〇〇年前の海面低下で砂州が成立している。

の島じまもこの時期の寒冷化の影響を受けたとみられ、寒冷化にともなう海面低下が地形の安定につながった。それは、当時の人びとの生活にどのような変化をもたらしたのであろうか。

札幌大学の高宮広土教授（人類学者・考古学者）は、ある仮説を「島の先史学　パラダイスではなかった沖縄諸島の先史時代[15]」に著している。琉球列島の先史時代の遺跡に残された動物遺体を分析すると、サンゴ礁が島の周囲に発達した縄文時代後期以降に、サンゴ礁内に生息する魚類や貝類が増加したことがわかってきた。食料資源が限られた島嶼環境のなかで、サンゴ礁の発達が先史時代の人びとの持続可能な生活を支えてきた可能性がある。

國學院大學の伊藤慎二博士は、琉球列島中部・北部の貝塚時代の遺跡から得られた考古学的資料に基づいて、約四五〇〇～二五〇〇年前に人びとが集落をつくった「定着期」が出現することを示した[16]。この時期には、沖縄の島じまで遺跡数の大幅な増加がみられる。高宮氏は、先史時代にヒトによる島嶼環境への影響がほとんどなく自然と調和的に生活していたであろう点において、琉球列島は世界でも希な地域であると注目している[17]。サンゴ礁の発達によって、人類の居住に適した土地や海産資源を利用しやすい環境が整ったからであろうか。

7　おわりに

研究をすすめる過程では、さまざまな事実がほかの研究領域とつながってくる。調査をおこなう前には想像もしなかったことも多く、フィールドでその事実を確認する瞬間は鳥肌がたつ。研究の醍醐味である。本稿で紹介した研究では、サンゴ礁の成り立ちを探求することから、地球規模の気候変動や古代の人びとの生活にまで視野が広がってきた。最近注目されるようになった約四五〇〇～四〇〇〇年前に起こったとみられる地球規模の変化については、近い将来にさまざまな分野から具体的な事実が示され、解明されていくだろう。地理学研究がその解明に貢献するとともに、これらの事実をつなぐことによって、より豊かな地域像を描いていくことができるものと期待している。

〈参考文献〉

（1）Sasaki, K. et al. (2006) *Island Arc*, Vol.15, p.455-467.
（2）Mishima, M. et al. (2009) *Journal of Quaternary Science*, Vol. 24, p. 928-936.
（3）Diekmann, B. et al. (2008) *Marine Geology*, Vol.255, p.83-95.
（4）Takahashi, T. et al. (1988) *Proceedings of the 6th International Coral Reef Symposium*, Vol.3, p.491-496.
（5）Kan, H., Hori, N. (1991) 地理科学, Vol.46, p.208-221.
（6）当真嗣一, 大城 慧 (1979) 東貝塚発掘調査報告. 渡名喜村教育委員会編『渡名喜島の遺跡Ⅰ』p.1-44.
（7）Kan,H. et al. (1997) *Atoll Research Bulletin*, No.443, p.1-20.
（8）Hamanaka, N. et al. (2012) *Global and Planetary Change*, Vol.80-81, p.21-35.
（9）Seki, A. et al. (2012) *Geochemical Journal*, Vol.46, e27-e32.
（10）Ujiie, H., Ujiie, Y. (1999) *Marine Micropaleontology*, Vol.37, p.23-40.
（11）Toth, L.T. et al. (2012) *Science*, Vol.337, p.81-84.
（12）Glynn, P.W. et al. (1996) *Coral Reefs*, Vol.15, p.71-99.
（13）Barron, J.A., Anderson, L. (2011) *Quaternary International*, Vol.235, p.3-12.
（14）Walker, M.J.C. et al. (2012) *Journal of Quaternary Science*, Vol.27, p.649-659.
（15）高宮広土 (2005)『島の先史学』ボーダーインク 227pp.
（16）伊藤慎二 (2012) 第四紀研究, Vol.51, p.247-255.

（17）高宮広士 (2012) 第四紀研究, Vol.51, p.239-245.

菅　浩伸（かん・ひろのぶ）

学生時代に、石垣島にてスクーバダイビングをはじめる。最初のフィールドワークは一九八五年の離水サンゴ礁ボーリング調査。その後、独自に海中での地形調査の可能性を追求。サンゴ礁外洋側（礁斜面）の潜水地形調査をはじめ、本書で紹介した水中露頭調査、独自の水中ボーリング装置を用いた礁斜面でのボーリング調査など、他にないフィールドワークを重ねてきた。最近は、マルチビーム測深機を用いて海底地形を三次元的に可視化するプロジェクトを率いる。

＊　＊　＊

■わたしの研究に衝撃をあたえた一冊

Proceedings of the 5th International Coral Reef Congress（第5回国際サンゴ礁学会議事録）

一九八五年にタヒチで開催された国際サンゴ礁学会にて発表された論文集であり、Ａ４判全六巻、総ページ数三三六九ページにおよぶ。地形学・地質学・生物学・生態学など多様な分野の論文が掲載されており、いまでも引用される有名な論文も多い。わたしの学部卒業ごろ会議に参加した指導教員の元へ届けられた。世界ではこんなに多様な分野で多くのサンゴ礁研究がおこなわれているのかと驚嘆し、読みふけった。学際的な研究へむけて視野を広げてくれた書物である。

国際サンゴ礁学会
一九八五年

あとがき

赤坂憲雄

自然景観の成り立ちを探る、というテーマは思いがけず多様性をはらんでいる。少なくとも、それはまるで自明な問いかけではありえない。この巻で対象とするのは、とりあえず自然景観を研究するフィールドの知や学問である。ところが、この自然景観というのもまた、けっして自明に転がっているわけではない。

たとえば、同じ山に向かい合っても、自然地理学者と民俗学者とはまったく異なる山を眺めているにちがいない。一方は、その山の自然景観や植生にひたすら眼を凝らし、地形・地質の成り立ちや自然史の読み解きからそこに光を当てようとする。他方は、景観や植生などは、山のかたわらに生きる人々が暮らしや生業を通して関わり、作ってきたものだと考えているから、そこで扱われるのはあくまで人間臭い山という場所である。そもそも、時間の尺度が決定的に異なっている。一方が、四十六億年という地球の年齢に寄り添うような時間のなかで自然を眺めているのにたいして、他方は数百年か、せいぜいが数千年の時間のなかで人と自然との交渉史にアプローチしようとするのである。

そういえば、「自然は寂しい。しかし人の手が加わると暖かくなる。そんな暖かなものを求めて歩いてみよう」（テレビ番組『日本の詩情』）という言葉は、民俗学者の宮本常一のものではなかったか。自然地理学者にとっては、はるかに遠い異世界から聴こえてくる呟きの声であることだろう。人手が加わる以前の自然は、寂しいとか暖かいとかといった人間臭い形容とは無縁なものであったと思われるからだ。

それにしても、フィールドの達人たちのなかには、まるで原始人のような野性味あふれる人が多い気がする。民俗学の世界でいえば、南方熊楠などがその典型であろうか。むろん、南方は民俗学者であるよりは博物学者であって、粘菌や植物採集のために素っ裸で熊野の山野を駆けまわっていたのであるが。対談のときには、フィールドに立つ小泉武栄さんの姿がしきりに頭をかすめた。小泉さんはまさに、野人のような、原始人のようなフィールドワークの人であったにちがいない。風貌がそうだというわけではない。語られることはなかったが、小泉さんのフィールドは寂しい、ときに死と背中合わせの過酷なものであったかもしれない、と勝手に想像してみたのである。

そのフィールドワークは、つねに問いから始まる。たくさんの問いを抱えて、フィールドにでかける。しかも、その問いはいつだって全体への志向に貫かれているから、長期間にわたるフィールドワークとならざるを得ない。フィールドの選択には運が付きまとう、といった言葉が妙にリアルだった。

対談では、宮沢賢治の名前が懐かしく語られた。賢治もまた、武骨さとは無縁でありながら、暖かい自然から寂しい自然へと連なっている広大なフィールドを歩きつづけた、山野のフィールドワーカーであった。賢治の鉱物への関心などは、その童話や詩のなかに独特の影を落としている。賢治はあるいは、自然地理学のたいせつな先駆者の一人であったのかもしれない。そう考えると、なにか愉しい。

■編者紹介

小泉武栄（こいずみ・たけえい）

自然地理学者。信州の田舎育ちで子どものときは釣りや蝶の採集に明け暮れ、近くの山にもよく登った。最初のフィールドワークは一九六八年の新潟平野東縁での断層地形の調査。羽越水害の翌年で、土石流に流された集落のたった一軒だけのこった家に泊めてもらい、調査に出かけた。以来、日本全国の素晴らしい自然を求めて歩きまわっている。地形・地質と植生の関係を調べる地生態学という分野の研究をおこない、「現代に蘇った博物学者」を自認している。

■わたしの研究に衝撃をあたえた一冊『文明の生態史観』

著者は動物生態学者だったが、中央アジアからインドに南下する調査旅行の体験に基づき、この本を書いた。ユーラシア世界は、端っこの日欧と、それ以外の中国、インド、イスラム、ロシアの内部地域にわかれ、それぞれの歴史が平行進化してきたという非常識な仮説である。細かい分野に囚われない著者の思考の柔軟さをよく示している。大学二年のときにこれを読み、驚いてこんな幅の広い研究をしたいと思った。

梅棹忠夫著
中公文庫
一九九八年（改版）（中公叢書、一九六七年）

＊　＊

赤坂憲雄（あかさか・のりお）

わたしはとても中途半端なフィールドワーカーだ。そもそも、どこで訓練を受けたわけでもない。学生のころから、小さな旅はくりかえしていたが、調査といったものとは無縁であった。三十代のなかば、柳田国男論の連載のために、柳田にゆかりの深い土地を訪ねる旅をはじめた。それから数年後に、東京から東北へと拠点を移し、聞き書きのための野辺歩きへと踏み出すことになった。おじいちゃん・おばあちゃんの人生を分けてもらう旅であったか、と思う。

■わたしの研究に衝撃をあたえた一冊『忘れられた日本人』

一冊だけあげるのは不可能だが、無理にであれば、宮本常一の『忘れられた日本人』だろうか。宮本の〈あるく・みる・きく〉ための旅は独特なもので、真似などできるはずもなく、ただ憧れとコンプレックスをいだくばかりだった。民俗学のフィールドは、いわば消滅とひきかえに発見されたようなものであり、民俗の研究者たちはどこかで、みずからが生まれてくるのが遅かったことを呪わしく感じている。民俗学はつねに黄昏を生きてきたのかもしれない。

宮本常一著
岩波文庫
一九八四年（未來社、一九六〇年）

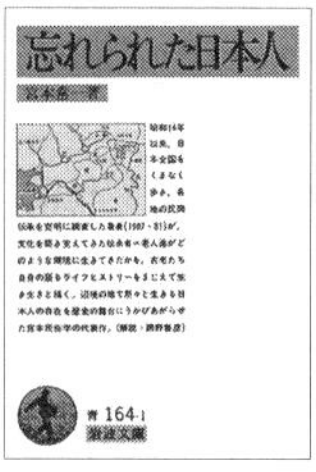

フィールド科学《かがく》の入口《いりぐち》

自然景観《しぜんけいかん》の成《な》り立《た》ちを探《さぐ》る

2013年10月25日　初版第1刷発行

編　者———小泉武栄　赤坂憲雄

発行者———小原芳明

発行所———玉川大学出版部

〒194-8610　東京都町田市玉川学園6-1-1
TEL 042-739-8935　FAX 042-739-8940
http://www.tamagawa.jp/up/
振替：00180-7-26665
編集　森　貴志

印刷・製本——モリモト印刷株式会社

ISBN978-4-472-18202-0　C0044 / NDC450

装画：菅沼満子
装丁：オーノリュウスケ（Factory701 ）
編集・制作：本作り空Sola